S

795

COUP-D'OEIL

SUR

LE SOL, LE CLIMAT

ET L'AGRICULTURE

DE LA FRANCE,

Comparée avec les Contrées qui l'avoisinent, et
particulièrement avec l'Angleterre;

Par VICTOR YVART,

*Cultivateur, Membre des Sociétés d'Agriculture de la Seine,
de Boulogne-sur-Mer et de la Haute-Saône, de celle
des Sciences et Arts du Mont-Tonnerre; du Conseil
d'Administration de la Société d'Encouragement pour
l'Industrie nationale, et Professeur d'économie rurale
théorique et pratique à l'École impériale d'économie
rurale et vétérinaire d'Alfort.*

Imprimé par Arrêté de la Société d'Agriculture du département
de la Seine.

PARIS,

DE L'IMPRIMERIE DE MADAME HUZARD;

RUE DE L'ÉPERON, N.º 7.

1807.

Extrait des *Mémoires de la Société d'Agriculture du département de la Seine*, tome X.

DISCOURS

D'OUVERTURE

DU COURS D'ÉCONOMIE RURALE

THÉORIQUE ET PRATIQUE,

Prononcé le 7 Novembre 1806, à l'École Impériale d'économie rurale et vétérinaire d'Alfort (1).

MESSIEURS,

L'Agriculture est l'art de cultiver la terre. La science qui a cet art pour objet, nous enseigne les meilleurs moyens d'obtenir constamment des différens sols, sans les épuiser,

---

(1) En présence des chefs et des élèves de cette École ; de M. *Degérando*, secrétaire-général du ministère de l'intérieur, membre de l'Institut ; d'une députation de la Société d'Agriculture du département de la Seine, composée de MM. *Frochot*, conseiller d'état, préfet ; *Moreau de Saint-Méri*, conseiller d'état ; *Chasstron*, tribun ; *Coquebert-Montbret*, *Parmentier*, *Tessier*, *Huzard*, *Silvestre*, *Thouin* aîné, membres de l'Institut ; *de Vitry*, vice-président de la Société ; *Desplas*, du jury vétérinaire ; *Vilmorin*, botaniste-cultivateur ; *Lasteyrie*, *Mallet*, *Sageret*, *Fremin*, propriétaires-cultivateurs ; et de plusieurs autres savans et cultivateurs.

des produits supérieurs à ceux qu'ils nous donnent , dans l'état de nature.

La pratique raisonnée des diverses branches de l'Agriculture , dans l'acception la plus étendue de ce mot, se désigne communément sous le nom d'*Économie rurale*.

C'est ce que *Xénophon* appelle , dans son *Économique* , *la sage Administration des biens ruraux*.

C'est ce qu'*Olivier de Serres* , le père de l'Agriculture françoise , appeloit , dans son vieux et énergique langage , le *Mesnage des champs* , à une époque où le bon Henri IV , l'un de nos princes qui ont le plus honoré et encouragé l'Agriculture , appeloit aussi , avec son digne ministre Sully , d'une manière non moins énergique , le pâturage et le labourage , *les deux mammelles de la France*.

Cet art est , sans contredit , un des plus anciens , des plus utiles et des plus honorables , mais c'est aussi un des plus étendus ; et il exige , pour être exercé convenablement, une grande variété de connoissances , indépendamment d'une activité et d'une surveillance continuelles.

La théorie et la pratique sont ses deux principaux élémens.

Par le mot théorie, il faut bien se garder d'entendre ces hypothèses, ces calculs, ces probabilités, ces systêmes, qui sont le fruit d'une imagination exaltée, et qui, reposant sur une base peu solide, sont plus nuisibles qu'utiles.

Cette fausse théorie est plus funeste encore à l'art agricole qu'aux autres arts. Elle séduit trop souvent par l'appât trompeur de produits exagérés ; elle manque constamment à ses promesses merveilleuses, et son caractère propre est de ruiner presque toujours ceux qui espèrent s'enrichir promptement, en se confiant aveuglément à ses données mensongères.

C'est cette théorie que *Bernard Palissy*, l'homme le plus extraordinaire et le plus instruit de son temps, qui nous a laissé d'excellentes leçons sur plusieurs objets essentiels d'agriculture, quoiqu'il n'eût, comme il nous l'apprend lui-même, *d'autre livre que le ciel et la terre, lequel beau livre*, observe-t-il, *il est donné à tous de connoistre*, appelle judicieusement *théorique imaginative* (1).

La véritable théorie, la seule utile et néces-

---

(1) Voyez ses curieux et instructifs Dialogues, dont les interlocuteurs sont *Théorique* et *Practique*.

saire pour diriger la pratique, n'est et ne peut être autre chose que le résultat bien reconnu de cette même pratique. C'est le fruit des erreurs et des fautes, autant que des succès les plus avérés ; c'est la leçon toujours utile de l'expérience qui a précédé la nôtre.

Aidée du raisonnement qui sert à l'appliquer avec toutes les modifications que les circonstances exigent, et fortifiée de l'observation indispensable pour apprécier les résultats et pour en saisir toutes les nuances, elle conduit par une voie sûre et courte à la pratique, dont elle doit toujours être la fidèle compagne.

Quelque solidement établie que la théorie puisse paroître, il est indispensable qu'elle soit soumise à la pratique, qui est sa véritable pierre de touche. Elle seule peut l'apprécier à sa juste valeur, et faire reconnoître, d'une manière positive, ce qu'elle peut avoir d'utile et d'applicable à chaque cas particulier.

Celui qui, avec de simples connoissances théoriques en agriculture, se croit suffisamment instruit, se trompe grossièrement. Il est un grand nombre de connoissances essentielles, que la pratique seule peut donner, que l'œil et l'esprit saisissent aisément, que la force de l'habitude peut aussi communiquer, mais que la tradition transmet très - difficilement.

Celui qui n'a que les connoissances pratiques est plus près du but, sans doute ; il opère, du moins, tandis que l'autre conjecture ou décide. Ses idées sont plus fixes et sont assises sur une base plus solide, son expérience : mais, indépendamment des écarts, des erreurs et des fautes graves, auxquels le manque absolu de théorie l'expose inévitablement, ses connoissances, circonscrites dans la sphère étroite de sa routine, lui refusent d'amples moyens de comparaison, rendent sa marche lente et pénible, et pour arriver, il est forcé à des détours que des connoissances préliminaires lui eussent épargnés.

Fabroni, après avoir avoué que l'expérience et le succès en agriculture doivent avoir plus d'autorité et plus de poids que tous les livres qui ont paru depuis *Hésiode* jusqu'à nos jours, convient que, sans raisonnement, l'expérience devient inutile, de même que, sans l'expérience, le raisonnement ne peut être de nulle valeur ; et il pense, avec raison, que ce n'est qu'en réunissant le raisonnement et l'expérience qu'on peut faire faire quelques progrès à l'Agriculture.

Tessier demande, nous dit *François (de Neufchâteau)*, si l'on ne peut pas considérer la théorie et la pratique de l'Agriculture, pour l'enseignement, comme celui de la Médecine? Un médecin, continue-t-il, sans les études théoriques, n'est ordinairement qu'un routinier, comme l'homme qui tient la charrue n'est qu'un manœuvre. Il est une classe de médecins qui ont commencé leurs études par la théorie de toutes les sciences qui s'appliquent à la médecine; c'est cette classe qui, seule, a fait faire des progrès à l'art. Cette marche a aussi été celle des progrès de l'Agriculture. Ce sont des propriétaires ou de riches fermiers, qui ont reçu, dans leur jeunesse, de l'instruction, et qui ont recueilli des notions de physique, de chimie, d'anatomie, de botanique, d'histoire naturelle, qui, presque seuls, ont fait faire des progrès à l'Agriculture (1).

Home nous a prouvé, il y a long-temps, que l'Agriculture dépend de principes que la pratique seule ne peut apprendre, et qu'il faut remonter, comme il l'a fait lui-même avec tant de succès, au-delà de cet art pour le connoître à fond.

____

(1) *Essai sur la nécessité et les moyens de faire entrer dans l'instruction publique l'enseignement de l'Agriculture*, page 89.

Si la pratique peut quelquefois se soustraire rigoureusement à la théorie, dont elle emprunte cependant un secours si précieux, la théorie a toujours un besoin indispensable de la pratique, et l'expérience de tous les temps et de tous les lieux nous démontre de la manière la plus évidente, que la réunion de ces deux moyens forme le complément de la véritable instruction agricole.

Terminons par les réflexions judicieuses de *Rozier* sur ce sujet important.

« Sans l'expérience, nous dit-il, la plus
» brillante théorie n'est qu'une chimère sans
» fondement, que la moindre circonstance lo-
» cale ou le moindre changement dérange ou
» détruit. Cependant sans une saine théorie,
» ajoute-t-il, il est très-difficile, pour ne pas
» dire impossible, de bien faire une expé-
» rience, parce que sans elle on ne part d'aucun
» principe certain ; alors le succès ou la mé-
» prise sont le résultat de quelques combinai-
» sons dont on ne sauroit rendre compte (1). »

Avant de se livrer à aucune expérience, il

____

(1) Si, par expérience, on entend des épreuves particulières faites spécialement, et par des mains un peu habiles, sur un objet soumis à l'examen, ces épreuves donnent presque toujours des vérités et des résultats ra-

faut avoir bien étudié la qualité de la terre, la profondeur de sa couche, sa plus ou moins grande propriété à retenir ou à laisser filtrer l'eau, et la manière d'être du climat que l'on habite.

Il importe à l'agriculteur françois de connoître, au moins approximativement, les avantages et les inconvéniens que son pays lui présente, comparativement aux pays qui l'environnent, sous le rapport du climat, du sol, de la culture, des habitudes et des débouchés.

Du Climat.

Un cultivateur instruit ne doit point ignorer que la France, heureusement située dans la partie la plus tempérée de l'Europe, jouit, dans la majeure partie de son ensemble, de cette douce température qui tient un juste milieu entre le froid rigoureux, qui arrête ou suspend la végétation dans les contrées plus septentrionales, et la chaleur excessive, qui brûle

---

rement contredits. Si, au contraire, on entend seulement par expérience cette connoissance vague, acquise par un long usage des choses, sans beaucoup de réflexion et sans un examen approfondi, plus cet usage est invétéré, plus il confirme le préjugé, la routine et l'erreur. Voyez page 154, tome I, de l'*Administration forestière*, par *Varenne-Fenille*.

ou dessèche une partie des productions des contrées plus méridionales.

Elle est aussi moins exposée à la surabondance des pluies qui désolent souvent les premières, et à la longueur des sécheresses qui se font fréquemment sentir dans les dernières.

Cette situation favorable, jointe aux abris que lui procurent les chaînes de montagnes qui la traversent en différens sens, qui la divisent en bassins arrosés par de nombreuses rivières, et qui, à partir de Lyon jusqu'à la Méditerranée, modifient le climat d'une manière très-sensible, lui permet d'admettre, dans les nombreux Départemens qui la composent aujourd'hui, une plus grande variété de cultures qu'aucun autre des pays qui l'avoisinent.

Ces deux circonstances heureuses lui donnent le double avantage de réunir à toutes les productions territoriales du nord la plupart de celles du midi; d'obtenir, sur une grande partie de son vaste territoire, plusieurs récoltes dans une même année, et d'être le pays le plus convenable à la multiplication et à l'éducation des bêtes à laine superfine, objet si important aujourd'hui.

Si elle ne jouit que dans quelques-uns de

ses Départemens les plus septentrionaux , de ce degré d'humidité qui donne une force de végétation si surprenante et si favorable aux pâturages et à l'engraissement des bestiaux de la Hollande , de la Grande-Bretagne et de plusieurs contrées de l'Allemagne , elle possède généralement, en revanche , un degré de chaleur plus convenable au perfectionnement des productions végétales , et elle gagne en qualité beaucoup plus qu'elle ne perd en quantité.

Quelques-uns de ses Départemens méridionaux , les plus exposés à la sécheresse , sont , il est vrai , parsemés de hautes montagnes couvertes de glaciers ; sujets à des avalanches , à des tourmentes et à de fréquens orages de grêle et de pluie , qui anéantissent en un instant le fruit des travaux du cultivateur. La fonte subite , dans certains cas , d'une grande partie des neiges qui couvrent ces montagnes , changeant rapidement le cours paisible des rivières en torrens dévastateurs , occasionne aussi, trop souvent, des débordemens imprévus, qui inondent et détruisent une partie des récoltes : des brouillards infects, qu'on remarque plus particulièrement dans les départemens du Gers et de Lot-et-Garonne , affligent quelquefois les campagnes au printemps ; et des gelées

tardives viennent aussi quelquefois faire éva-
nouir l'espoir fondé sur une trompeuse et sé-
duisante précocité. Mais ces fléaux redouta-
bles, qu'une partie de la France partage d'ailleurs avec d'autres pays, quelque désastreux
qu'ils soient pour les cantons qui y sont le plus
exposés, ne diminuent que foiblement les avantages précieux que la douceur du climat procure à la masse générale, pour la beauté de la
végétation, l'abondance et sur-tout la qualité
des produits.

Du Sol.

D'après les données les plus positives sur la
nature du territoire de la France, en comparant la valeur relative de chacune de ses parties,
sous ce rapport essentiel, et de l'aveu même
des étrangers qui ont visité en observateurs
agricoles, cette contrée privilégiée, son sol,
considéré sous le double objet de sa qualité
et de sa situation, a des avantages incontestables sur celui de ses voisins.

Aucune partie de l'Europe, d'une égale
étendue, ne réunit une aussi grande quantité
de terres, ou naturellement fertiles, ou susceptibles, par une heureuse position, d'un
produit avantageux.

Il seroit difficile de trouver ailleurs un espace contigu aussi vaste de terres, souvent excellentes, et généralement bonnes, que celui qui s'étend au nord-est de la France, et qui comprend la presque totalité de trente-sept de ses Départemens, c'est-à-dire le tiers environ de sa surface (1).

Section du Nord-Est.

En commençant la ligne de démarcation à la partie fertile et si bien cultivée des départemens du Haut et du Bas-Rhin ; en descendant au pied des Vosges dans la plaine calcaire et florissante qui en est voisine ; en traversant la portion considérable du département de la Haute-Marne qui y confine, et qui a presque par-tout pour base une terre franche, souvent limonneuse ; la région couverte de riches prairies du département de l'Aube qui y touche, et que la Seine et l'Aube fertilisent ; le sol heureux du Perthois et des rives de l'Aisne ; en contournant la misérable plage crayeuse qui, sous le nom trop caractéristique de Champagne pouilleuse, forme la majeure partie du département de la Marne, on arrive, par Bar, Clermont et Réthel, jusqu'à

(1) Voyez la carte ci-jointe, sur laquelle toutes les localités dont il est fait mention dans ce discours sont indiquées.

Laon, et on traverse les coteaux, les vallons et les plaines fertiles du Laonnois, du Soissonnois et du département de Seine-et-Marne, depuis Meaux jusqu'aux environs de Melun.

En sortant ainsi du riche grenier d'abondance, connu sous le nom de Brie, on entre presqu'aussitôt dans un autre, non moins riche, désigné sous le nom de Beauce, qui conduit à Orléans par la Ferté-Aleps, en longeant le Gâtinois.

- De-là, cotoyant le pays Chartrain, pour arriver au vallon, couvert de riches prairies, de la Ferté-Bernard, dont le sol repousse presque par-tout les engrais, on traverse le département de la Sarthe, coupé par un très-grand nombre de rivières et de ruisseaux, ou canaux d'irrigation, qui le fertilisent, et on se rend aux confins du département de la Manche, en traversant ceux de l'Orne, de la Mayenne et du Calvados, généralement fertiles, en retranchant le Bocage et l'Avranchin.

La ligne irrégulière qu'on parcourt dans ce long trajet, laisse sur la droite une section considérable des terres les plus fertiles de notre territoire, qui égale et surpasse même l'étendue de plusieurs royaumes en Europe.

Si l'on en excepte les sables de la Campine,

et quelques coteaux crayeux du haut Boulon-
nois , qu'on retrouve en un petit nombre d'endroits des autres Départemens ; les landes de
Bouillon et les bruyères fangeuses de Stavelot
et du Luxembourg , qui n'attendent peut-être
que des travaux sagement entrepris et savam-
ment dirigés ; une partie du sol ingrat des Ar-
dennes ; la portion orientale et aride , quoique
bien cultivée , du département de la Seine ,
où l'un des cultivateurs les plus intelligens de
l'Europe , M. *Mallet*, à la Varenne Saint-
Maur, a prouvé tout ce que peuvent le zèle
et la constance sur le sol le plus ingrat ; les
friches des environs de Marines et de Grisy ,
une partie du Perche , et quelques autres cantons peu étendus , qui établissent des inter-
ruptions peu sensibles sur un espace aussi
vaste , et qui ne sont que de foibles taches à
un aussi riche tableau ; on peut assurer que
la terre y est par-tout de nature à récompenser
libéralement les travaux constans et sagement
combinés du cultivateur actif et intelligent.

Nous ne faisons ici aucune exception pour
les cantons dont le sol, essentiellement formé de
pierres calcaires , est susceptible d'abondantes
productions , avec un traitement convenable ,
comme nous le prouverons par la suite.

Il est vrai qu'une partie du cadre de ce tableau, borné à l'est par le Rhin, du côté de l'Allemagne et de la Suisse, au nord par la Hollande, par les sables mouvans et les dunes qui bordent le Pas de Calais et la Manche, présente, au midi et à l'ouest, les sables ingrats et rocailleux des Vosges ; les montagnes graveleuses et généralement peu fertiles qui se propagent, en passant par Langres et en s'abaissant insensiblement, jusqu'au désert de la Champagne ; ce désert, d'une étendue affligeante, dont le contour prolongé conduit à peu de distance de Provins ; les sables de Montereau et de Moret ; les grès qui couvrent les environs de Fontainebleau ; les terres arides et médiocres du Gâtinois ; les marais insalubres de la triste Sologne ; et les landes sauvages de la Bretagne.

Mais ce seroit une grande erreur de croire que cette longue ceinture, formée de sables et de graviers siliceux, de craies rebelles, de mares infectes, de bruyères, de fougères, de genêts, de ronces et d'épines, soit généralement incultivable et de nature absolument mauvaise.

La secte laborieuse, connue sous le nom d'*anabaptistes*, a déjà surmonté, avec un

B

grand succès, une partie des obstacles que la Nature présente aux efforts prolongés de ces cultivateurs entreprenans, sur les montagnes des Vosges qu'ils peuplent si utilement.

L'infatigable *Douette - Richardot*, et ses nombreux imitateurs, entraînés par la force irrésistible de l'exemple, couronné du plus brillant résultat, ont fait disparoître une grande partie des difficultés que les montagnes du département de la Haute-Marne leur offroient, et ont substitué, en plusieurs endroits, d'utiles plantations et des prairies artificielles aux inutiles broussailles qui déshonoroient une partie de ces montagnes.

L'immense plage de la Champagne, les terres siliceuses et graveleuses assises sur la couche alumineuse de la Sologne, alternativement humide et aride, et l'affligeante étendue des friches de la Bretagne, sont propres, pour la plupart, avec des avances, des travaux et une exploitation convenables, à l'établissement de prairies artificielles, et conséquemment à l'entretien de nombreux troupeaux, ou au moins aux plantations, comme plusieurs exemples concluans le démontrent, et notamment l'exploitation exemplaire du savant cultivateur *Sageret*, qui a transporté ses améliorations, des rives de la Seine au centre de la Sologne; et celle non moins encourageante de M. *Allaire*, l'un des savans et zélés administrateurs des eaux-et-forêts, et des principaux propriétaires du département de la Marne, qui a donné, depuis long-temps, un exemple bien digne d'imitation et d'éloges, par de nombreuses plantations et par l'établissement de prairies artificielles, qui nourrissent des troupeaux de bêtes à laine superfine, sur des terreins crayeux et généralement peu fertiles.

Les sables mobiles et nuisibles, ou inutiles, qui bordent une grande partie de l'Océan, sont susceptibles d'être fixés en beaucoup d'endroits, et de supporter des plantations précieuses, comme le prouvent complettement les entreprises faites sur les landes de Bordeaux et sur les dunes du golfe de Gascogne, entre l'Adour et la Gironde, et plus particulièrement sur les sables du bassin d'Arcachon, avec un succès si encourageant, par le zèle éclairé de M. *Brémontier*, inspecteur général des ponts et chaussées, dont l'esprit observateur a maîtrisé les plus grands obstacles.

Section du Centre et de l'Ouest.

La section du centre et de l'ouest de la France,

limitée au nord par la ligne de démarcation de la précédente, à l'ouest par l'Océan, depuis Granville jusqu'à Bayonne, à l'est et au midi par la chaîne peu interrompue de montagnes de différens ordres, qui règne de l'est à l'ouest, et qui sépare naturellement la partie montueuse de notre territoire de celles qui le sont beaucoup moins, par une ligne qui passe au pied des Vosges, du Jura, du Bugey, des montagnes du Lyonnois, du Puy-de-Dôme, du Cantal, de l'Aveyron, du Tarn, de la Haute-Garonne et du Gers, vient se terminer à l'Océan, au pied des Pyrénées-Occidentales, après un trajet sinueux.

Sans être naturellement aussi fertile que la première, dont elle diffère essentiellement, sous plusieurs rapports, elle renferme cependant une assez grande étendue de terres excellentes, comme le prouvent les exemples suivans.

Le département de la Vendée est, en général, ainsi qu'une partie de ceux qui l'environnent, un des plus fertiles de l'Empire : et quoique l'assolement de la contrée très-étendue, connue sous le nom de *Marais*, n'y soit pas toujours le plus conforme aux principes d'une saine théorie, et que les produits qu'on en obtient

exigent souvent des travaux, des avances et
des dépenses considérables, que nécessitent
la force même du sol et sa ténacité qu'il faut
vaincre, lorsqu'on ne saisit pas les momens les
plus favorables à sa culture; sa fertilité, qui
paroît inépuisable, est telle, que le fumier des
bestiaux y est brûlé comme inutile, au lieu
d'être porté sur les champs; que les cendres
qui en proviennent sont vendues aux cultivateurs du Bocage, et que, quelque récolte
qu'on confie à cette terre de promission, la
seconde est aussi abondante que la première,
à moins que la saison n'ait été intemperée.
Ces faits, aussi incontestables qu'extraordi-
naires, sont attestés par le rédacteur de la
Statistique de ce Département.

L'île de Noirmoutier qui en fait partie, et
où la jachère est inconnue, possède aussi le
sol le plus heureux.

Une assez forte partie du département des
Deux-Sèvres se fait encore remarquer par sa
fertilité.

Celui d'Indre-et-Loire présente l'aspect en-
chanteur d'un paradis terrestre, dans cet espace compris entre le Cher, l'Indre et la Loire,
dont les bords ravissans prolongent ce magnifique tableau jusqu'à son embouchure.

La partie la moins élevée du département du Puy-de-Dôme est la plus riche, peut-être, de la France, en sol et en culture.

Le département de l'Ain renferme, à côté de ses étangs et de ses marais insalubres, le long du cours paisible de la Saône, une contrée remarquable par sa fertilité, autant que par sa bonne culture.

Les plaines des départemens du Lot et de Lot-et-Garonne, placées sous le plus beau ciel de la France, sont aussi fertiles qu'étendues et productives; et l'isthme qui y confine, formé par la Garonne et la Dordogne, présente une scène continuelle de richesses territoriales en divers genres, que rien ne peut surpasser.

Les bruyères sont, à la vérité, plus communes dans les départemens de l'Ouest que dans aucune autre partie de la France. Mais cette circonstance tient, généralement, plutôt au défaut de débouchés, d'industrie, et de principes de bonne culture, qu'à la qualité intrinsèque du sol, qui, sans être de première qualité, renferme cependant, assez souvent, dans son sein, et ordinairement à peu de profondeur, les moyens d'amélioration qu'on lui refuse en beaucoup d'endroits.

Section du Midi.

La section montueuse de la France, dont les majestueuses limites sont, à l'est et au midi, les Alpes, la Méditerranée et les Pyrénées, présente peu de plaines étendues. Son sol est plus varié, ses sites et sa culture plus multipliés, et elle est proportionnellement moins propre que les deux autres à la culture du froment : mais, indépendamment de la multiplicité des productions précieuses qui sont particulières à cette contrée pittoresque, qui, présentant souvent sur un foible espace les deux extrêmes du chaud et du froid, réunit, à différens degrés d'élévation, les végétaux du nord à ceux du midi, sous la même latitude, elle renferme aussi un très-grand nombre de vallées de la plus grande fertilité, sous tous les rapports.

C'est ici, sur-tout, qu'un travail opiniâtre surmonte avec adresse les plus grands obstacles que présente la Nature au cultivateur actif et intelligent. Sur les flancs précipités des montagnes, l'œil étonné admire d'utiles plantations et de riches moissons, qui paroissent suspendues dans les airs, comme par enchantement. Une série d'amphithéâtres, péniblement et ar-

tistement construits, les y retient, ainsi que la
foible portion de terre végétale qui tend toujours à descendre, et dont l'infatigable colon
recouvre, à plusieurs reprises, le rocher nud.
Que peut donc offrir de plus hardi, de plus
utile et de plus curieux la culture si vantée
des montagnes de la Chine ?... C'est ici que
l'inappréciable avantage des irrigations, sur-
montant l'effet désastreux d'un climat trop
ardent, utilise les feux de la canicule. L'eau
s'unissant à la chaleur, ces deux puissans agens
de la végétation sextuplent quelquefois des récoltes qu'ils doublent et triplent très-souvent.
C'est ici encore que la qualité compense le défaut de quantité, lorsqu'il a lieu, et que le
mûrier, l'amandier, le figuier, le pistachier,
le jujubier, l'olivier, le grenadier, le caprier,
le citronnier, l'oranger même, les vins exquis
et les parfums, joints aux rizières que nous
procure la précieuse conquête du Piémont, dont
le sol, le climat et la culture jouissent depuis
long-temps d'une juste célébrité, fournissent
d'amples dédommagemens de la diminution du
produit des céréales. C'est ici enfin que les
coteaux arides, et peu propres à ce dernier
produit, sont couverts, ainsi que la seconde
section, de nombreux vignobles qui enrichis-

sent les sols médiocres qui , sans eux , seroient d'une bien foible valeur, et qui, sous un climat moins favorisé , sont d'un produit presque nul.

Que peut - on demander de plus aux laborieux habitans du territoire Gênois , peu favorisé par la Nature, que de suppléer à ce défaut, comme ils l'ont fait, ainsi que dans plusieurs autres parties de la France , en couvrant d'oliviers, de vignes , de mûriers et d'autres plantations précieuses , des coteaux presque perpendiculaires, dont ils ont soutenu la terre, par des murs hardis et ingénieusement construits ?

Ajoutons à ce tableau , beaucoup au - dessous de la réalité, que l'espèce de désert , qui règne sur les montagnes élevées au-dessus de la région des arbres verts qui couronnent les châtaigniers, est , en plusieurs endroits , utilement employé , comme en Espagne , à la compascuité de nombreux troupeaux transhumans, lorsque l'ardeur du climat les force à abandonner la plaine ; ce qu'on remarque sur - tout dans le département des Hautes-Alpes, où chaque printemps amène , de la ci-devant Provence , d'immenses troupeaux , qui consomment l'herbe fine et nourrissante que la Nature y répand avec tant de prodiga-

lité, sur la plupart des montagnes du second
ordre, ainsi que sur les montagnes de la Lo-
zère, couvertes, tous les ans, par de nombreux troupeaux qui émigrent du ci-devant
Languedoc.

Il résulte de cet ensemble un tout qui a beaucoup moins d'imperfections réelles qu'acciden-
telles; qui, tel qu'il est aujourd'hui, ne le cède
à aucun autre pays du monde, et qui renferme,
dans l'énergie de ses habitans, dans la qualité
de son sol, dans la bénigne influence de son
heureux climat, et sur-tout dans la solide et
paternelle composition du Gouvernement, tous
les moyens de parvenir promptement au plus
haut degré de prospérité agricole.

Le François peut donc dire avec orgueil que
sa patrie est une portion privilégiée du globe.
Rien ne peut surpasser l'étonnante fertilité de
cette Limagne, dont le sol est un riche dépôt
d'humus et de laves des montagnes volcaniques
qui l'environnent; l'île de Casand, grenier
inépuisable des fromens les plus beaux; cette
vaste étendue, connue sous les anciennes dénominations de Brabant, Pays-Bas, Flandre
et Artois, dont la surface uniforme, douce et
limonneuse, annonce encore l'ancien séjour

des eaux de l'Océan ; les prairies des bords de
la Sambre, qui offrent le tableau riant d'une
fertilité peu commune ; la vallée d'Auge, dont
les gras pâturages égalent, s'ils ne surpassent,
la richesse des herbages les plus renommés de
l'Europe ; ceux du Limbourg, non moins riches,
et voisins des fertiles plaines de la Hesbaye ;
les vastes et importantes forêts de la Loire in-
férieure, et les campagnes délicieuses des troisième et quatrième arrondissemens (1) ; les
plaines de Toulouse et de Montauban, dont
le sol, heureux mélange des substances calcaires, siliceuses, alumineuses et végétales,
conserve un degré d'humidité analogue à la
chaleur du climat ; l'amphithéâtre si renommé
sous le nom de Côte-Rôtie, où l'industrieux
colon est parvenu à transformer un aride rocher en un coteau du plus grand rapport, en
y transportant des terres, en y élevant des
murs pour les retenir, et en y plantant ces
sarmens précieux dont le produit s'est fait un
nom célèbre dans l'Europe, et dont la végétation la plus riche témoigne les bienfaits de

---

(1) *Arthur Young*, observe judicieusement *Huet*,
n'ayant *parcouru que la grande route* qui traverse les
landes du premier arrondissement, a porté un jugement
inexact sur ce pays, etc..... et sur bien d'autres ! ! !

la Nature et les soins du cultivateur ; la vallée
enchantée de Montmorenci, célèbre à plus
d'un titre, et dont les laborieux habitans tirent
un produit si avantageux ; la superbe plaine
bordée par la Dordogne et la Garonne, où la
terre étale avec luxe sa plus grande magnifi-
cence ; la presqu'île du Cotentin, qui ne le
cède en rien au Bessin qui l'avoisine ; le bas
Médoc, précieuse conquête sur la mer, et dont
les rians coteaux et les riches vallons réunissent
le triple avantage de produire des vins, des
grains, et des pâturages de première qualité ;
les délicieux environs de Tours, appelés à juste
titre le jardin de la France ; le canton si productif et si bien cultivé de Waes, appelé le
jardin de la Flandre ; les jardins abrités, plus
hâtifs, plus brûlans et non moins curieux des
cantons d'Hyères, d'Antibes, de Nice, de
Grasse et de Frejus, dont les fruits, riches de
couleur, de suc et de saveur, viennent consoler
de l'hiver le nord de la France ; les jardins moins
étendus, mais non moins productifs, de Mon-
treuil et de ses riches environs, dont les surfa-
ces, si adroitement multipliées, sont couvertes
d'un magnifique tapis de verdure, entremêlé
des couleurs et des parfums les plus exquis, et
qui présentent une scène d'industrie et de pros-

périté qu'on ne retrouve pas plus chez l'étranger que ces dénominations de Côte-d'Or et de
Monts-d'Or qui caractérisent si bien les riches
contrées qui les ont méritées ; les marais des-
séchés du voisinage de la Rochelle, dont le
sol vierge récompense avec une sorte de prodi-
galité la constante et industrieuse activité du
savant et modeste *Chassiron* ; les terres d'al-
luvion du département des Deux-Nèthes, qui
nous retracent l'intéressant tableau de la Hollande ; les utiles et magnifiques canaux d'irrigation qui ornent et enrichissent tout à-la-fois
plusieurs de nos Départemens méridionaux,
et parmi lesquels on remarque avec reconnoissance ceux qui portent les noms célèbres de
Crillon et de *Boisgelin* ; les bords rians de
la Meuse et de la Moselle, qui le disputent
en produits et en agrémens à ceux du Rhône,
du Rhin, de la Saône, de la Marne et de la
Loire ; les fertiles vallées de Campan, de Ba-
gnères et de Tarbes, que la Nature et l'art em-
bellissent avec une espèce de rivalité ; celles
non moins fertiles qui voient couler l'Arrax
et la Save dans le département du Gers ; la
plaine délicieuse voisine de Vaucluse, qui rappelle de si agréables souvenirs ; et la produc-
tive vallée de Gresivaudau, qui, par un chemin

couvert des plus riches plantations de toute espèce, conduit agréablement aux âpres som-
mets du Mont-Blanc.

De la Culture, des Habitudes, et des Débouchés.

Nous désirerions être en état d'affirmer que
la France jouit aussi, relativement à son agriculture, de cette supériorité qu'elle mérite,
à si juste titre, sous le double rapport du sol
et du climat ; mais il n'en est malheureusement pas ainsi.

Si l'on en excepte quelques-uns de nos Départemens septentrionaux, une partie de ceux
du Haut et du Bas-Rhin, du Puy-de-Dôme, de
la Haute-Vienne, de la Vienne, de la Charente,
de la Vendée, des Deux-Sèvres, du pays de
Caux, de Vaucluse, du Lot, de Lot - et - Garonne, de la Seine, de Seine-et-Marne, des
rives de l'Isère et de la Garonne, les environs
des principales villes qui ont des ressources
particulières pour les engrais, et quelques autres cantons, la funeste pratique de la jachère,
qu'on appelle si improprement le repos de la
terre, tandis qu'elle n'en est que l'état d'oisi-
veté, de nullité et de dégradation effectives,
excepté peut-être dans un petit nombre de cas

particuliers, s'observe encore avec une régularité rigoureuse en beaucoup d'endroits.

La vaine pâture, reste barbare de nos coutumes féodales, comme l'observe avec raison *François* (*de Neufchâteau*), et dont l'odieux caractère est de détruire beaucoup plus qu'elle ne consomme, asservit encore trop de terres à son tyrannique usage.

Les clôtures, qui accroissent d'une manière si prodigieuse la valeur intrinsèque des champs qui jouissent de ce précieux avantage; les clôtures, sans lesquelles les droits si sacrés, si naturels et si attrayans de la propriété, ne s'exercent réellement que d'une manière incomplette, ne sont généralement ni assez multipliées, ni assez bien entendues, ni assez soignées.

L'extrême division des propriétés, qui a lieu dans un grand nombre de cantons, et leur enchevêtrement les unes dans les autres, qui a donné naissance au droit si abusif du parcours, s'oppose fortement à l'établissement des clôtures, à la suppression des jachères, aux assolemens raisonnés, et retarde en outre, plus qu'on ne pense, les travaux urgens de la culture, dont elle accroît énormément et les dépenses et les difficultés.

La désastreuse multiplication des chèvres,

ennemi redoutable de ces mêmes clôtures et
de tous les bois taillis, s'oppose directement
aussi à la multiplication des bêtes à laine, race
aussi précieuse, sous une infinité de rapports,
que celle-ci, qui devroit être reléguée dans les
montagnes escarpées, sa véritable patrie, est
généralement nuisible (1).

Les défrichemens, qui offrent des ressources
si précieuses et si promptes, se font souvent
de manière à épuiser, en peu d'années, des
terres qui, avec une culture raisonnée et
appropriée aux circonstances, conserveroient
long-temps les précieux germes de leur fé-
condité.

Les défrichemens des montagnes, sur-tout,
et des coteaux, dont la pente rapide devoit les
préserver irrévocablement d'avoir leurs flancs
mobiles déchirés par le fer de la charrue, qui,
dans ce cas, devient un instrument profane,
amènent inévitablement la stérilité et la mi-
sère, au lieu de la fertilité et de l'abondance
qu'un faux calcul et quelques succès éphé-
mères avoient fait entrevoir. Il y a long-temps

____

(1) Chargé par le Gouvernement, en 1790, de visiter
plusieurs de nos Départemens méridionaux, sous le rapport de l'Agriculture, j'ai eu le désagrément de recenser
quarante mille chèvres dans celui de l'Isère, seulement.

que

que les habitans des Hautes-Cévennes, du Ge-
vaudan, de l'Isère, des Hautes-Alpes, de la
Drôme, du Mont-Blanc, des Pyrénées, et
de plusieurs autres parties de la France, en
ont fait la triste expérience. Ces positions élevées et déclives, que de profonds ravins ne
tardent pas à sillonner, lorsqu'on les défriche
inconsidérément, et qui présentent bientôt le
spectacle hideux d'un squelette décharné, sur
lequel l'eau, ne trouvant plus rien qui puisse
la retenir, coule avec une rapidité propor-
tionnée aux pentes, sont aussi la patrie des
bois, qui, soutirant sans cesse de l'atmosphère une bienfaisante humidité, la trans-
mettent aux plaines voisines, en même temps
qu'ils conservent les sources, et soutiennent
puissamment, par l'entrelacement de leurs racines, l'édifice chancelant de toutes les élé-
vations, que le temps abaisse et détruit insensiblement.

Les desséchemens partiels et généraux, éga-
lement utiles à la prospérité des végétaux et
des animaux, sont encore beaucoup trop né-
gligés.

Chassiron, qui a étudié cet important objet
à fond, et qui l'a traité en maître, nous assure
que 250,000 hectares de marais desséchables,

sont encore sous les eaux, et attendent que des capitaux, qu'il seroit difficile d'employer d'une manière tout-à-la-fois plus utile et plus profitable, viennent les y soustraire, pour le bien public et particulier.

Vous le savez, Messieurs, il en est un qui répand sa maligne influence et qui exhale, jusqu'aux portes de la capitale, ses effluves léthifères, dont ce canton n'a que trop ressenti, cette année, les funestes effets. Je ne vous rappelle cette pénible circonstance que pour vous annoncer que la sollicitude constante du conseiller d'état, préfet de ce département, pour tout ce qui tient aux objets d'utilité première, a arrêté de faire disparoître promptement ce foyer d'infection des rives de la Seine; et je vous l'annonce avec d'autant plus d'empressement, que cet utile dessèchement nous fournira d'amples moyens d'instruction, en même temps qu'il accroîtra considérablement le revenu des communes qui le renferment sur leur territoire, qui, désormais, va devenir aussi salubre qu'il a été jusqu'à présent funeste à la plupart des habitans, forcés de respirer l'air empoisonné de ses miasmes délétères.

La pratique des irrigations, si avantageuse

à toutes les parties de la France, et de nécessité absolue pour la plupart de celles du
midi, où elle tempère si utilement l'excès de
la chaleur, n'est pas, à beaucoup près, aussi
étendue qu'elle pourroit et devroit l'être. Par
une fatalité inconcevable, d'une part, nous
retenons captives des eaux insalubres, qui
couvrent d'immenses cloaques, et qu'il fau-
droit faire écouler avec discernement; tandis
que, de l'autre, nous laissons souvent s'écouler, sans fruit, ces eaux bienfaisantes, que
nous devrions détourner adroitement de leur
cours, pour les dépouiller du fertile limon
qu'elles charrient dans le lit des rivières, et qui
va combler inutilement le sein des mers (1).

L'exhaussement des vannes et les digues
transversales que, pour le service de quelques
moulins, on élève en un trop grand nombre
d'endroits sur les petites rivières et ruisseaux,
inondent et ruinent encore, dans plusieurs
Départemens, une vaste étendue de prairies,

---

(1) Nulle part l'art des irrigations n'a été porté plus loin
que dans les environs de Turin, de Milan, de Pescia et
de Lucques, dont les industrieux habitans, en encaissant
et maîtrisant leurs fleuves torrentueux, qu'ils font circuler
adroitement autour de leurs plaines brûlantes, les rendent
très-productives, au milieu des plus fortes chaleurs.

qu'elles pourroient et devroient, par un judicieux emploi des eaux, couvrir à propos et fertiliser.

Les engrais, sans lesquels les terreins médiocres sont voués à une stérilité absolue, et qui produisent des effets si marqués sur la plupart des sols, ne sont, le plus souvent, ni assez multipliés, ni convenablement préparés, répandus et enfouis ; et on refuse aussi, très-fréquemment, à la terre, l'amendement naturel, qu'elle recèle quelquefois dans son sein, à peu de profondeur, et qui la modifieroit d'une manière si avantageuse.

L'imperfection de nos instrumens aratoires, ainsi que leur nombre, de beaucoup insuffisant, exigent souvent un emploi extraordinaire de forces, pour mettre la plupart de ces lourdes machines en mouvement, et s'opposent à cet ameublissement de la terre, qui, dans les sols compacts et alumineux, est un présage rarement trompeur d'abondantes récoltes. Dans quelques cantons de nos Départemens méridionaux, la herse et le rouleau, ces instrumens si utiles, sont encore ou inconnus ou inusités.

La véritable théorie des assolemens, indispensable pour une bonne culture, et sans laquelle les plus grands efforts d'amélioration ne produisent que des effets incomplets , est encore ignorée dans un grand nombre d'endroits, où l'on ne connoît que le retour triennal du froment, de l'avoine et de la jachère, ce qu'on remarque sur-tout dans les cantons où la culture se fait par des *colons* ou *métayers*, qui manquent autant de bonne volonté que de facultés intellectuelles et pécuniaires.

Les plantes nuisibles aux récoltes , et qui se multiplient pour la plupart si facilement, sont rarement extirpées avec cette exactitude rigoureuse que leurs pernicieux effets commandent ; et la propriété que leurs semences ont souvent de se conserver long-temps intactes en terre , et sans perdre leur faculté germinative , fait que la négligence d'une seule année compromet le succès d'un grand nombre de récoltes subséquentes.

Les bestiaux , source intarissable des vraies richesses du cultivateur, couvrent rarement les pâturages dans des proportions convenables, parce qu'un intérêt mal entendu, portant à exiger itérativement de la terre les plantes qui l'épuisent le plus , au lieu d'y substituer alternativement celles qui l'améliorent, la culture des prairies artificielles , celle des racines nourrissantes et des plantes légumineuses, ne reçoit presque jamais toute l'extension dont elle est susceptible. Ainsi, par une conséquence inévitable, on récolte peu de grain, parce qu'on ensemence une trop grande étendue de terrein à-la-fois, et cette assertion, qui pourroit paroître paradoxale, n'est que trop rigoureusement vraie. Par un enchaînement facile à concevoir, les récoltes sont foibles, faute d'engrais ; la disette d'engrais vient de la rareté des bestiaux, et on ne manque de bestiaux que parce qu'on n'a pas assez multiplié et soigné les prairies, base essentielle de toute bonne culture.

Le choix et le perfectionnement des races n'occupe point encore un assez grand nombre de cultivateurs, quoique cette branche importante d'amélioration ait fait des progrès très-rapides depuis la révolution, graces aux soins des savans et zélés administrateurs du superbe établissement de Rambouillet, et des chefs éclairés de cette École. Un animal bien conformé, et qui réunit à la beauté des formes une riche et abondante toison, n'exige pas plus de soins, et ne coûte pas plus à nourrir, que celui qui ne se distingue que par une chétive carcasse, et par une couverture rare, grossière et de peu de valeur ; sa chair n'en est pas moins délicate et son aptitude à s'engraisser moins prononcée ; cependant on trouve encore des personnes que la force de l'habitude , que la répugnance invincible pour tout ce qui porte l'empreinte de l'innovation , décident opiniâtrément en faveur de l'animal qu'ont connu leurs ancêtres , et qui leur est souvent plus onéreux que profitable.

Les plantations , si utiles pour l'assainissement et l'embellissement de la paisible retraite de l'homme des champs , ne sont , presque nulle part , assez multipliées , sur-tout dans les endroits bas et insalubres , où elles sont si faciles et si nécessaires ; lorsqu'on se livre à cette utile entreprise , elle est rarement dirigée avec le discernement indispensable pour assurer son succès , et soignée ensuite avec l'intelligence qu'exige sa prospérité.

Tandis que , d'un côté , la hache inexorable fait disparoître du territoire françois ces forêts séculaires , respectables témoins de la religion et de l'économie de nos pères , de l'autre , nous devrions du moins , par une rotation commandée par nos besoins , autant que par une sage et incontestable théorie , replanter les sols épuisés par une longue série de récoltes céréales , et léguer ainsi à nos neveux une portion de l'héritage que nous détruisons trop souvent sans le remplacer.

L'art des constructions rurales est encore à son berceau, en beaucoup d'endroits, et la demeure du cultivateur et de ses bestiaux n'est, le plus souvent, qu'un amas informe, malsain et presque toujours insuffisant, de bâtimens jetés au hasard, ou entassés sans ordre et sans goût, et dont le centre habituel est une mare infecte, d'où sortent avec abondance les germes pestilentiels des maladies les plus meurtrières et les plus rebelles. Il est temps qu'on mette enfin en pratique les sages conseils donnés par MM. *de Perthuis* et *Lasteyrie* sur cet important objet ; il est temps aussi qu'on prenne plus de précautions contre les incendies qui détruisent si souvent ces asyles construits et ramassés avec tant d'imprévoyance.

Enfin, le défaut de débouchés et de communications commodes et sûres, qui changent rapidement l'aspérité des déserts en campagnes riantes et peuplées en faisant disparoître les friches, fait encore pourrir une partie de nos bois à peu de distance des endroits où la disette de ce combustible, qui devient plus rare de jour en jour, se fait sentir, et le département d'Ille-et-Vilaine fournit, avec d'autres, plus d'un exemple de cette triste vérité.

Après un tableau aussi exact qu'il est peu flatteur, nous sommes heureux de pouvoir annoncer, qu'en même temps que l'exportation sagement limitée de nos grains, en procurant un écoulement assuré à notre superflu, maintient dans le prix de cette denrée de première nécessité un juste équilibre avec les avances, et que la réputation, justement acquise, de nos premières fabriques assure un débouché avantageux à nos laines superfines, dont la masse s'accroît si rapidement ; l'ouverture de nouveaux canaux, le percement de nouvelles routes, nous promettent une circulation prompte et commode, qui doit avoir l'influence la plus immédiate sur notre Agriculture.

Bientôt le Génie tutélaire qui veille aux destinées de la Grande Nation, après avoir applani le sommet sourcilleux d'une partie des Alpes, et dompté la Nature, par l'ouverture de nouvelles communications ; après avoir élargi le lit trop resserré des rivières, qui s'opposoit à leur navigation ; après avoir rendu accessibles les précipices et les bords escarpés du Rhône et du Rhin ; après avoir, par des

voies souterraines, uni l'Océan à la Méditerranée, complettera notre système de navigation intérieure, en unissant par les canaux du
nord, de l'est, du centre et de l'ouest de la
France, la Seine au Rhône, le Rhône au
Rhin, le Rhin à la Meuse, la Meuse à l'Escaut, et l'Escaut, ainsi que la Loire, à la
Seine.

La grande multiplication des bêtes à laine
superfine ou améliorée, qui s'étend d'une manière si rapide, depuis plusieurs années, et
qui, par une conséquence nécessaire, contri-
bue efficacement à l'extension de la culture
des prairies artificielles, et de toutes les cultures
améliorantes, de la pomme de terre sur-tout,
dont le nom s'identifie si agréablement avec
celui du Nestor de l'Agriculture françoise,
du modeste et vertueux *Parmentier*, et dont
l'introduction seule a suffi pour faire changer
la face de plus d'un pays agricole, doit aussi
faire disparoître rapidement la majeure partie
des inconvéniens que nous avons essayé d'es-
quisser. Il est facile de prévoir et de prédire
que cette branche importante d'amélioration,
qui fixe aujourd'hui les regards de tous les
cultivateurs instruits, dont le nombre s'accroît
d'une manière si satisfaisante, en même temps

qu'elle occupe si sérieusement notre Gouvernement, qui vient de multiplier, sur un grand nombre de points de la France, les précieux dépôts de la race primitive conservée pure et sans mélange, opérera inévitablement, dans peu d'années, la révolution la plus heureuse et la plus complette dans nos principes d'économie rurale (1).

En recueillant les bénéfices directs et si encourageans que cette spéculation lucrative

---

(1) Indépendamment des magnifiques troupeaux de mérinos de LL. MM. à Rambouillet et à la Malmaison, et de ceux d'un grand nombre de cultivateurs, le Gouvernement en a établis successivement à Perpignan, à Pompadour, à Arles, à Trèves, à Nantes, et dans le département des Landes ; déjà, la sénatorerie de Liége a l'avantage de posséder une *Société pastorale*, à l'instar de celle si renommée de Turin, et composée des cultivateurs les plus actifs et les plus intelligens. Nous nous empressons de signaler à la reconnoissance publique les noms des membres fondateurs de cette véritable Société d'émulation, qui sont : MM. *de Surlet-Chokier; de Belderbusch*, préfet de l'Oise ; *Philippe d'Arschot ; François de Borchgrave ; Vander-Renne ; H. J. Michiels ; de Mercy-Argenteau*, chambellan de S. M. I. et R. ; *Léonard Schiervel*, secrétaire ; *de Goër-Bierset ; F. X. Simonis ; Philippe de Lom*, président ; *A. J. Ansiaux ; Berlaymont de Bormenville ; Jaquier de Rosée*, législateur ; *de Sterbach*, tous cultivateurs, propriétaires de troupeaux à laine fine.

nous procure, nous lui serons encore rede-
vables de l'augmentation du nombre des cultivateurs riches, éclairés et propriétaires,
trois qualités essentielles à une bonne culture;
de la suppression de la presque totalité de nos
jachères; de l'augmentation de nos récoltes
en tout genre, et sur-tout de la mise en valeur
de nos landes, de nos craies, de nos friches,
de nos bruyères; en un mot, de nos sols les
plus ingrats, qui sont généralement très-
convenables à ce genre d'établissement.

Nous pouvons dire, sans craindre de nous
tromper, que cette précieuse acquisition de-
viendra bientôt entre nos mains la conquête
de cette fameuse *Toison d'or*, autrefois l'objet
stérile de recherches si périlleuses et si pro-
longées, qui désormais doivent cesser d'avoir
pour nous un sens allégorique et fabuleux.

*Rapprochement de la France, sous le rap-
port de l'Agriculture, avec les pays qui
l'environnent, et sur-tout avec l'Angleterre.*

Après avoir parcouru rapidement les avantages et les inconvéniens que présentent le sol,
le climat, la culture, les usages et les débouchés de la France, essayons de la comparer

rapidement aussi, sous quelques-uns de ces rapports, avec les contrées qui l'avoisinent.

Nous avons déjà vu que le sol et le climat
jouissoient d'une prééminence marquée sur
ceux des pays qui l'environnent : nous avons
reconnu que, si ses productions végétales et
animales n'étoient pas toujours aussi vigoureuses, ou plutôt aussi volumineuses, que
celles des pays plus septentrionaux, plus froids
et plus humides, elles contenoient, sous un
moindre volume, une plus forte masse de principes savoureux, odorans et nutritifs, et nous
devons ajouter à ce fait bien avéré, une vérité
non moins incontestable, c'est que l'augmentation de l'intensité de la chaleur des pays plus
méridionaux, loin de donner constamment
plus de qualité à la plupart des productions,
et d'accroître le domaine de l'Agriculture, en
raison de l'étendue du sol cultivable, produit
souvent des effets diamétralement opposés.
Ainsi, la plupart de nos fruits, dont la culture
est plus étendue et mieux connue en France
que par-tout ailleurs, possèdent, à un degré
plus éminent, les qualités qui les font recher-
cher des étrangers, et nos terres sont généralement, aussi, plus cultivables que sous un
climat plus brûlant, par-tout où l'art des irri-

gations n'a pu faire encore disparoître les torts apparens de la Nature.

Nous avons aussi remarqué que le nombre et la qualité de nos bêtes à laine s'accroissoient avec une rapidité qui promettoit de nous faire arriver promptement à un haut degré de prospérité en ce genre , *l'objet constant de la jalousie de nos implacables ennemis.*

La nouvelle organisation de nos haras , jointe aux primes d'encouragement, à l'institution des courses, à la judicieuse distribution des récompenses , aux nouvelles acquisitions, et sur-tout à l'instruction puisée dans nos Écoles vétérinaires , tend à une prompte restauration des races de nos chevaux , que des torts trop réels avoient, pour ainsi dire, fait disparoître, et dont une des plus belles et des plus utiles avoit été abâtardie par son alliance inconsidérée avec des chevaux anglois , aussi foibles d'épaules que forts de bouche (1).

---

(1) Une chose qu'on ne sait que trop , c'est qu'avant la révolution nous exportions beaucoup d'argent en Angleterre , pour en ramener des chevaux ; mais ce qu'on ne sait point assez , c'est que les Anglois , plus adroits que nous , sous ce rapport , achetoient des chevaux de selle et de chasse du département de l'Orne , à la même époque. Voyez la description de ce Département rédigée

Nos bestiaux, qui jouissoient autrefois d'une supériorité si marquée, qu'ils conservent encore dans un grand nombre de nos Départemens, se sont aussi considérablement améliorés, et l'introduction de la race des bœufs et des vaches sans cornes, qui est recommandable à tant de titres, commence à faire, depuis plusieurs années, des progrès encourageans.

Aucun pays ne peut être assimilé à la France, pour l'étonnante variété et la qualité des vignobles renommés qui couvrent une si grande étendue de son territoire le moins fertile ; et la culture seule de la vigne, ainsi que les différentes préparations de son produit, objets vraiment nationaux, qui ont été portés chez nous à un degré de perfection remarquable, rendront long-temps encore nos voisins tributaires de notre industrie sous ce rapport, et détermineront la balance en notre faveur, pour

---

par le Lycée d'Alençon, page 31. Voyez aussi l'*Instruction par* Huzard, *sur l'Amélioration des chevaux en France*, où on lit, page 36, ce passage remarquable. « Je » ne conçois pas, disoit lord *Pembroke* à *Bourgelat*, » quelle est la fureur que les François ont pour nos che- » vaux, quand je vois vos belles races normande, limou- » sine, navarrine, etc. »

les objets que nous pourrons être obligés d'importer en échange.

La culture du mûrier et l'éducation du ver-à-soie, qui, par la précieuse réunion du Piémont, fourniront plus abondamment que jamais à nos fabriques cette matière, dont il est avoué généralement qu'elles savent tirer un parti plus avantageux qu'aucune de celles des pays étrangers, donnent aussi à notre Agriculture une supériorité bien marquée sur les produits les plus vantés, dans un genre réellement moins productif, quoique plus abondant.

La culture des végétaux oléifères, et surtout celle du chanvre et du lin, qu'on doit aussi considérer sous un autre rapport non moins avantageux, culture qui, sur un si petit espace, donne ordinairement des bénéfices si considérables, s'étend annuellement de l'est à l'ouest de la France, et plus particulièrement encore du nord au midi, depuis l'accroissement de notre territoire dans ces deux extrémités. Des expériences authentiques ont fait reconnoître que les départemens de Lot-et-Garonne, de la Vendée, du Cher, et d'autres, produisent du chanvre d'une qualité supérieure à ceux du nord ; et le département de Marengo, déjà si célèbre, l'est encore par

la

la beauté, la hauteur, la blancheur et la force
du fil du chanvre qu'on cultive avec tant d'intelligence et de succès dans le Montferrat.

Enfin, l'administration des mouches à miel,
et le gouvernement des ruches, sont maintenant réduits, en France, à des principes aussi
simples et faciles que certains et avantageux ;
et si l'Angleterre nous vante son *Wildman*,
nous pouvons aussi nous glorifier de nos *Lom-
bard* et de nos *Lasseray*, qui, dans le département de la Seine, joignent l'exemple
le plus encourageant aux préceptes les plus
sages.

Une opinion très-ancienne, très-commune,
et qu'on trouve consignée dans un grand nombre d'ouvrages, accorde à l'Agriculture angloise une supériorité très-prononcée sur celle
des autres parties de l'Europe. Il n'est pas
étranger à l'objet qui nous occupe d'examiner
la position respective de l'Angleterre et de la
France, sous quelques rapports qui se lient
étroitement à cette branche de prospérité publique.

Voyons d'abord si ce qu'on appelle le royaume-uni de la Grande-Bretagne est généralement
bien cultivé, et ensuite quelle est l'influence

de son gouvernement , de ses habitudes et de ses usages sur sa culture.

Nous nous abstiendrons, autant que possible , de nous servir de nos propres connoissances sur ces points importans , sur lesquels un séjour de plus de quatre années , à différentes époques, dans cette île, dont nous avons examiné en détail les parties les mieux cultivées , nous a procuré des notions assez précises ; et afin que nos témoignages puissent paroître moins suspects à l'anglomanie , nous les emprunterons tous des Anglois eux-mêmes, qui , par la nature de leurs occupations et l'objet de leurs recherches, ont été le plus à portée d'avoir des renseignemens rigoureusement exacts sur ce qui nous intéresse en ce moment.

Dickson , l'auteur d'un de leurs ouvrages d'Agriculture les plus modernes et les plus étendus , publié en 1805 , à Londres , nous affirme , de la manière la plus positive, ce que nous avoit appris quelques années auparavant le chevalier *Sinclair* , créateur du Bureau d'Agriculture, savoir ; « qu'une très-foible por-
» tion de la partie cultivée de l'Angleterre a
» été soumise jusqu'à ce jour à un système de
» culture judicieux et bien conduit ; qu'on
» rencontre en différens endroits du royaume

» une immense étendue des terres les plus ri-
» ches et les plus fertiles, qui sont cultivées de
» la manière la plus imparfaite et la plus désa-
» vantageuse ; que sur soixante-sept millions
» d'acres que la Grande-Bretagne renferme,
» en en retranchant sept millions occupés par
» les maisons, les grandes routes, les rivières,
» les lacs, etc., des soixante millions restant,
» cinq seulement sont employés à la culture des
» grains, et vingt-cinq au pâturage, tandis
» que trente millions sont encore, ou dans un
» état complet de friche, ou soumis au système
» d'économie rurale le plus défectueux (1). »

Suivons cet auteur dans le développement qu'il nous donne d'une partie des causes qui s'opposent le plus fortement aux progrès de l'Agriculture de son pays.

Après nous avoir indiqué rapidement les principaux motifs qui ont arrêté l'avancement de l'Agriculture, considérée comme science, et les avoir trouvés *dans le défaut de connois-sances, de la part des cultivateurs anglois, des différentes branches des sciences qui ont*

---

(1) *Practical Agriculture*, or a complete *System* of modern *Husbandry*, page vij à l'introduction. 2 vol. in-4°. imprimés à Londres en 1805, chez *Richard Philips*, n°. 71, St.-Paul's church yard.

une connexion intime avec l'Agriculture, il nous prévient que les causes qui apportent un empêchement à son extension et à son amélioration, considérées comme art, sont si excessivement nombreuses et compliquées, qu'il ne peut entrer dans des détails complets sur cet objet. Puis il ajoute : « Il existe une sorte de
» propriété communale qui, dans plusieurs
» comtés, s'étend sur près de la moitié du ter-
» ritoire arable, et qui astreint les proprié-
» taires à se soumettre à des réglemens et à
» des restrictions absurdes et nuisibles à la
» culture.—Une grande partie des terres est
» fieffée à des conditions telles qu'à la mort
» des seigneurs, ou des tenanciers, les suc-
» cesseurs des derniers sont exposés à des ex-
» torsions, des vexations, des servitudes dé-
» sagréables et des redevances ruineuses, qui
» s'opposent directement à toute espèce d'a-
» mélioration.—Les terres qui dépendent des
» corporations civiles ou religieuses sont sou-
» mises à des baux très-courts, et nuisibles,
» sous plusieurs points, aux progrès de l'Agri-
» culture.

» Mais, poursuit-il, le paiement de la dîme
» en nature, vexatoire dans sa perception,
» présente des obstacles d'une espèce plus gé-

» nérale, plus puissante, plus injurieuse et
» plus oppressive. » Cet impôt et ses accessoires
lui paroissent si odieux, qu'il compare éner-
giquement la position du malheureux cultivateur qui y est soumis, « à celle d'un merce-
» naire qui, après avoir épuisé ses forces, pour
» se procurer à la fin du jour un repas frugal,
» se le voit enlevé, au moment d'en jouir, par un
» de ses voisins qui, étant resté dans l'inaction,
» pendant que celui-ci s'exténuoit de fatigue,
» vient, avec une autorité légale, lui arracher ce
» qu'il s'étoit procuré à la sueur de son front :
» circonstance, observe notre auteur, dont l'ef-
» fet inévitable est de rendre l'un et l'autre mi-
» sérables, le premier répugnant de travailler
» pour soutenir la paresse du second (1). »

Il ajoute à cela que « le cultivateur supporte
» à lui seul près des trois quarts de la taxe pour
» les pauvres, qui s'élève à une somme énorme,
» et qu'il considère comme préjudiciable aux
» bonnes mœurs et à l'industrie (2). »

C'est cette même taxe qu'*Arthur Young* appelle « un véritable instrument de dépopula-
» tion, une barbare et misérable invention,

---

(1) Introduction de l'ouvrage précité.

(2) *Ibid.*

D 3

» qui semble avoir été conçue exprès pour ar-
» rêter l'industrie nationale (1) ; » et il regarde
les pauvres de son pays comme les maîtres de
l'Angleterre, en comparant leur sort à celui
des pauvres Irlandois qui gémissent sous l'op-
pression la plus révoltante (2).

Il se plaint aussi amèrement des abus des
lois concernant la chasse, qui pèsent si fortement sur le cultivateur, qu'*Arthur Young*
n'hésite pas à *placer le chasseur parmi les
animaux les plus nuisibles aux récoltes* de
l'Angleterre.

Enfin, *Dickson* nous assure qu'il résulte des
recherches faites récemment par le Bureau
d'Agriculture, que, « dans un grand nombre
» de provinces, la plus forte partie des terres
» est tenue sans bail, et sur la simple parole
» des propriétaires, du caprice et de la vo-
» lonté desquels les cultivateurs dépendent en-
» tièrement ; d'où il résulte que, pour conser-
» ver leurs fermes, ils sont contraints à des
» augmentations, à des pots-de-vin et autres
» charges ruineuses qu'exigent les proprié-
» taires, qui peuvent les renvoyer quand il

____

(1) *Voyage en Irlande*, tom. II, page 302.
(2) *Ibid.*, page 216 et ailleurs.

» leur plaît , sur un simple avis en forme , ce
» qui les tient dans un état de dépendance qui
» dégrade et qui étouffe leur industrie ; et
» lorsque des baux existent , ils sont de trois ,
» cinq et neuf ans , excepté dans un très-petit
» nombre de cas où ils se trouvent prolongés
» jusqu'à dix-neuf et vingt-un ans (1). »

Observons en passant , que , depuis la révolution , qui a détruit chez nous , sans retour ,
tous ces abus , sous lesquels gémissent encore
aujourd'hui les cultivateurs anglois, beaucoup
de baux se sont faits en France , pour dix-huit
années consécutives, et cette durée paroît être
la plus convenable aux intérêts réciproques
du propriétaire et du cultivateur.

Passons à l'examen des animaux domestiques
de l'Angleterre.

Marshall, celui des agronomes anglois qui
a observé , avec le plus d'attention , de temps
et de détails , l'agriculture des diverses provinces de ce pays , s'exprime ainsi :

« En considérant les animaux domestiques
» de ce royaume , d'une manière générale ,
» on trouve que chaque espèce , et presque
» chaque race , est susceptible de très-grandes

----

(1) *Ibid.* , introduction.

» améliorations , et on peut dire , qu'à quel-
» ques exceptions près , les troupeaux de cette
» île sont dans un état beaucoup trop négligé,
» et qui réclame hautement les améliorations
» nécessaires (1). Il y a , continue-t-il , dans
» certains districts de l'île , des races de bes-
» tiaux incapables d'être perfectionnées dans
» un espace de temps modéré , au point de
» remplir convenablement les trois objets prin-
» cipaux auxquels le bétail peut servir ; savoir,
» le lait , le trait et l'engrais (2).

» On trouve aussi , en plusieurs endroits,
» des moutons dont la toison , sur la croupe ,
» est un poil grossier , plus ressemblant à celui
» des chèvres qu'à de la laine (3).

» Excepté quelques cas particuliers , obser-
» voit encore *Dickson*, en 1805, l'amélioration
» des races de tous nos animaux domestiques,
» ainsi que l'administration de nos prairies et
» de nos pâtures , ont été extrêmement négli-
» gées et maltraitées (4). »

Le chevalier *Sinclair*, que nous avons déjà

---

(1) *Agric. prat.* de *Marshall*, tom. IV, page 575.

(2) *Ibid.*, page 595.

(3) *Ibid.*, page 494.

(4) Voyez l'introduction de l'ouvrage anglois précité.

eu occasion de citer , se plaint aussi que les montagnes de l'Angleterre et de l'Écosse sont généralement couvertes de troupeaux sauvages, farouches, à laine grossière, rare et sans nerf, qui expose la peau des animaux qui la portent à être endommagée par le moindre vent , et pénétrée jusqu'aux os par la plus légère pluie. En engageant fortement ses compatriotes à substituer une race à laine fine et serrée , à cette race chétive et peu profitable, il nous apprend , avec *Marshall*, que , pour la soustraire, autant que possible , aux fâcheux effets auxquels elle est exposée sur des montagnes couvertes quelquefois de neige pendant quatre mois , et pour la préserver de la vermine et de la gale, on lui barbouille la peau , sur tout le corps , depuis la nuque jusqu'à la queue, à l'entrée de l'hiver , avec une espèce d'onguent composé de mauvais beurre et de poix liquide, fondus et amalgamés ; précaution qui ne l'en garantit pas cependant , d'après l'assertion de *Marshall*, que nous avons eu occasion de vérifier plusieurs fois (1).

Il est impossible d'aborder en Angleterre , sans être frappé de l'étendue des friches qui ,

______

(1) *Essays on miscellaneous subjects.* London , 1802 , pag. 99 , 106 , 122 , 129 ; et *Marshall*, vol. IV , p. 496.

depuis Douvres, Brigsthelmstone ou Yarmouth jusqu'aux portes de Londres et de Windsor, se présentent si souvent, au milieu même des provinces les mieux cultivées ; et tous leurs écrivains agronomiques, qui déplorent cet état d'abandon, avouent que ces tristes landes, ces ajoncs rabougris, ces bruyères noires qui ont donné leur nom aux environs même de la capitale, ces déserts ennuyeux et ces craies fatigantes, trop fidèle image de cette Champagne pouilleuse qui a tant fixé les regards et excité la compassion d'*Arthur Young*, déshonorent encore le territoire anglois (1).

« Il existe de ces friches, dit *Sinclair*, qui » ne se louent qu'un *penny* (10 centimes) par » acre, ce qui, observe-t-il, en porte la valeur » vénale à 2 *schillings* (2 francs 40 centimes); » et il ajoute qu'elles sont ordinairement sur- » chargées d'animaux chétifs et dans l'état le » plus misérable (2). »

Il ne peut se dispenser de donner à ses compatriotes le sage conseil de défricher ces landes

---

(1) *Black-heath* est le nom d'une des collines qui dominent Londres, et signifie *bruyère noire*. Cette colline en étoit encore couverte en partie, à mon dernier voyage en 1803.

(2) *Essays on miscellaneous subjects*, p. 150 et ailleurs.

immenses, non seulement, leur dit-il, « dans la
» vue d'augmenter la richesse et la population
» de l'Angleterre, mais sur-tout comme un ex-
» cellent moyen de défense contre l'invasion de
» ses ennemis, par la multiplication des clô-
» tures qui, selon lui, doivent établir autant de
» remparts impénétrables, prévenir les ba-
» tailles rangées qu'il redoute et qu'il dit être la
» seule chose à craindre, en cas d'invasion; »
ce qui lui inspire le conseil qu'il ajoute « *de*
» *faire enclore jusqu'au dernier coin de terre,*
» *depuis les côtes jusqu'à Londres* (1). »

L'évêque de Llandaff observe avec raison,
page 8 de son rapport sur le Westmoreland,
que, « lorsque le Gouvernement s'occupera de
» ces landes, on n'en verra plus les habitans,
» forcés par la détresse, à chercher leur sub-
» sistance en Afrique ou en Amérique. »

On trouve, à la vérité, en quelques endroits
de cette île, une race factice de bêtes à laine,
ou plutôt de bêtes à suif, qui doit son origine
à *Bakewell*, un de leurs réformateurs de bestiaux les plus célèbres. Sans cesse dans les
plus gras pâturages, où, indépendamment de
l'herbe la plus abondante, nous l'avons trouvée

---

(1) Voyez l'ouvrage ci-dessus, page 179.

souvent approvisonnée de racines nourrissantes, de pois ou d'autres grains, qu'on lui donne
dans des auges, elle acquiert un volume
énorme. Il en résulte un véritable tonneau
d'huile et de suif, dans lequel, suivant l'expression judicieuse d'un des premiers bouchers
de Londres, que nous rapporte le lord *Sommerville*, en reprochant aux Anglois d'être *es-
claves du volume*, la chair, qui se trouve quelquefois noyée dans cinq à six fois son volume
de graisse, suivant *Marshall*, n'est pas assez
abondante pour supporter un aussi lourd far-
deau (1).

Ajoutons que ces monstres, qui peuvent à
peine se remuer, péchent aussi par la laine;
qu'ils sont peu propres à l'objet si essentiel du
parcage, ce qui fait dire à *Bakewell* que *les
avantages de cette pratique ne sont que dans
l'imagination*; et qu'on éprouve de grandes difficultés pour les faire arriver au marché, où le
peu de valeur de leur prodigieux embonpoint
leur donne un prix bien inférieur, pour la
consommation, aux autres animaux de la

____

(1) Pages 11 et 13 de l'ouvrage de lord *Sommerville*,
intitulé : *Facts and Observations on Sheep, Wool*, etc.,
imprimé à Londres en 1803 ; et page 525 de *Marshall*,
tom. IV.

même espèce (1) ; les bouchers sachant très-
bien que les morceaux qu'on met à la broche
disparoissent, pour ainsi dire, avant d'être
cuits, pour me servir de leur expression, que
le lord *Sommerville* nous a encore transmise.

Il est clair d'après ces faits, que, si le fameux
Bakewell a obtenu jusqu'à 1200 guinées pour
la monte seulement d'un bélier de cette race, ce
fait, qui enrichit les *Annales de l'Agriculture
angloise*, prouve bien plutôt l'enthousiasme
et la richesse de ceux qui les lui ont données,
que sa supériorité réelle sur les autres ; puis-
que, d'après *Young*, *il faudra attendre quelques générations avant quelle puisse réussir
sur les sols médiocres* (2).

Que l'anglomanie cesse donc de nous vanter
ces monstrueux animaux, qui tombent sous le

____

(1) *Ibid.*, *ibid.*

(2) *Culley*, qui rapporte ce fait, quelque enthousiaste
qu'il soit de cette race, ne peut disconvenir que sa chair
ne convient point à ce qu'il appelle les estomacs délicats,
que la classe laborieuse est obligée d'en retrancher la
graisse qui a quelquefois sept pouces d'épaisseur, et que
ces animaux, qu'il compare aux cochons les plus gras,
pèchent essentiellement par la laine. Voyez *Observations
on live stock*, *by George Culley*. Page 108 et suivantes.
On lit dans un rapport fait à la Société qui s'occupe de la

conteau du boucher, dans un état d'obésité complet, ce que prouve assez leur insipidité ; et ces choux et ces navets énormes que nous appelons *turneps*, sans savoir pourquoi, qui, continuellement abreuvés d'une atmosphère aqueuse, ne sont autre chose que des productions hydropiques. De quelque prestige que le charlatanisme et la sotte crédulité cherchent à environner ces miracles d'accroissement et de végétation, l'esprit exempt de prévention y reconnoîtra toujours de vains fantômes de prospérité, et des signes irréfragables d'un climat vaporeux, qui n'est pas plus propre à faire circuler dans les vaisseaux séveux que dans les vaisseaux sanguins un suc élaboré (1).

Maintenant, si nous considérons les bêtes à

laine angloise, ce passage curieux : « Il ne nous fut pas » permis de voir les béliers de M. *Bakewell*, qu'on ne » montre que depuis le 8 Juin jusqu'au 8 Juillet. » Quelle prudence !

(1) Le mot anglois *turnip* ne signifiant autre chose que *navet*, et non une espèce particulière, comme on a cherché à le faire accroire, l'anglomanie a pu seule vouloir transporter dans notre langue un mot insignifiant et inutile, dès qu'il y a son équivalent.

La rabioule du midi, quoi qu'on puisse en dire, vaut tous les turneps du monde, pour la nourriture des hommes et des bestiaux.

laine de l'Angleterre , sous le rapport de la finesse de la toison, objet très-important sans doute, quoique *Marshall* nous apprenne encore « qu'il est des cultivateurs anglois qui aiment la graisse à un tel point, qu'ils vont jusqu'à dire qu'*il seroit à souhaiter que les moutons n'eussent pas de laine* , et des bergers » anglois qui préfèrent les moutons qui ont la » laine la plus grossière et semblable au poil » de chèvres (1); » nous trouvons que , sous ce beau rapport, la France jouit aujourd'hui d'une supériorité bien prononcée sur sa rivale. Cependant , ce qu'on aura peine à croire, les Anglois soupçonnent encore que ce sont leurs moutons qui ont amélioré la laine des troupeaux *mérinos* de l'Espagne , quoiqu'il fût plus facile de prouver que c'est à ces mêmes *mérinos* que l'Angleterre est redevable du peu de laine fine qu'elle possède (2).

Examinons donc dans quel état de pureté

---

(1) Pages 494 et 528 de son Agriculture.

(2) *Ibid.*, page 409. Voyez aussi *Stowe's Chronicle*, où l'on regarde comme le type des *mérinos* la race angloise de *Cotswold*, qui, avec sa *laine longue* et sa *tête rase*, lui ressemble comme ce qu'on appelle le palais de Saint-James ressemble au magnifique palais des Tuileries.

ils ont conservé cette prétendue source ori-
ginelle de finesse.

On trouve dans la partie septentrionale de
la Grande-Bretagne une race sauvage et mal
conformée, qu'on désigne sous le nom de
shetland, qui est celui du pays où elle est
fixée. D'après les rapports de *Culley* et de
Sinclair, cette race, qui vit ou plutôt meurt
de faim au bord de la mer, dont elle est ré-
duite à manger les plantes, qu'elle court chercher de plusieurs milles, lorsque la marée se
retire, se divise en deux variétés, dont la première est hérissée de poils longs, épais et très-
adhérens, qui cachent une très-foible portion
de laine fine ; la seconde, qui porte une toison
cotonneuse, courte et ouverte, est délicate,
perd très-souvent sa laine l'hiver ou le printemps, et lorsqu'elle la conserve, on la lui
arrache, ainsi qu'à l'autre, au lieu de la tondre :
cette laine est chamarrée de diverses couleurs,
dont les dominantes sont la brune, la noire,
la grise et la blanche, et le poids ordinaire
des toisons, le jarre compris, est d'une livre
et demie d'Angleterre. On trouve, près de là,
une autre race à tête et pieds basanés, dont
la toison a moins de finesse et plus de poids,
et que quelques Anglois supposent cependant

y avoir été déposée par cette invincible *Armada* espagnole qui y fit naufrage (1).

On rencontre aussi dans un canton du comté d'Hereford, appelé *Ryeland*, c'est-à-dire, terre à seigle, une race dont la taille et la finesse de la laine ont beaucoup d'analogie avec notre race berrichone fine; mais d'après *Marshall*, le poids ordinaire de la toison n'est aussi que d'une livre et demie d'Angleterre. Et, en observant que les produits en laine de cette race sont aujourd'hui précaires et dans un état incertain, il abandonne l'examen des moyens à employer pour conserver et augmenter la race angloise des moutons à laine fine à ceux qui sont chargés de ce soin (2).

Enfin ils possèdent une autre race qui se rencontre sur leur dunes crayeuses et méridionales, d'où elles ont tiré leur nom de *south-downs*. D'une taille aussi élevée que nos races roussillonnoise et narbonnoise, elles ont une laine moins fine. Ils la préfèrent à la race inquiette et bigarrée de noir du Norfolk et du Suffolk, dont la toison, plus courte que fine,

---

(1) *Observations on live stock*, *by Culley*, page 160 et suivantes; et *Essays*, *by Sinclair*, page 123.

(2) Page 514, tom. **IV**.

ne pèse aussi que deux livres d'Angleterre ;
ainsi qu'à celle du comté de Dorset , dégarnie
de laine sous le ventre ; et à celle de Cheviot,
dont la toison est partie grosse et partie fine (1).

Après cette énumération de leurs races à
laine courte, examinons ce qu'ils ont fait pour
les améliorer par le croisement avec les mérinos.

Tandis qu'assis sur leurs balles de laine,
symboles d'une des sources les plus abondantes de leur prospérité publique , les membres du parlement d'Angleterre maintenoient
ces lois qui, sous les peines les plus sévères ,
prohibent l'exportation des moutons anglois ,
non seulement en France , mais *même en Irlande*, dit *Culley*, « contre laquelle, ajoute-t-il,
» les lois qui défendent cette exportation sont
» dans toute leur force, ainsi qu'à l'égard de
» tous *nos ennemis naturels du continent* (2), »
la générosité françoise partageoit avec eux
le magnifique présent qu'elle avoit reçu de
l'Espagne. *Broussonet* envoyoit au chevalier
Banks , président de la Société royale de Londres , la colonie de moutons espagnols qui a

---

(1) Voyez *Culley* et *Sinclair*.

(2) *Observations on live stock* , page 168.

formé depuis le noyau du troupeau actuel du roi d'Angleterre ; et quelques années après, *Lasteyrie*, *Huzard* et *Tessier* leur fournissoient, comme l'avoue le lord *Sommerville* (1), les instructions nécessaires pour tirer le plus grand parti possible de ce précieux dépôt ; le premier, par la lecture de ses ouvrages, si utiles sur cette partie ; et les derniers, par la publication de leurs intéressans rapports sur l'établissement, encore sans rival, de *Rambouillet*.

Qu'est devenue cette source féconde de prospérité agricole et commerciale ? ce que nous en avons vu, il y a trois ans, nous a convaincu qu'elle avoit plutôt été regardée, jusqu'alors, comme un objet de curiosité que d'utilité réelle. Tous les mérinos que nous avons trouvés renfermés dans les parcs royaux étoient dans un état d'abandon dont ils portoient extérieurement des marques frappantes. Ceux que nous avons découverts à Woburn, chez le duc de *Bedford*, étoient relégués, au fond d'un parc immense, dans un enclos ombragé et humide, couvert du plus mauvais pâturage, où ils étoient abandonnés, toute l'année, à une misérable existence, tandis que

---

(1) *Facts et Observations on Sheep*, *Wool*, etc.

les races angloises , et sur-tout celle de *Bake-* *well*, étoient traitées avec des égards qui éta-blissoient un contraste frappant. Enfin, ceux que nous avons rencontrés , en très-petit nom-bre à Bradfield , sur la ferme d'*Arthur Young*, étoient dans un état déplorable , et par-tout, trop souvent, la gale ou le fourchet les assié-geoient (1). Nous avons toujours trouvé l'opi-nion des cultivateurs anglois fortement pro-noncée contre l'extension de cette race pré-cieuse , excepté , cependant , celle du lord *Sommerville* et du chevalier *Sinclair*.

Le dernier, après avoir assuré ses compa-triotes que les mérinos peuvent prospérer en Angleterre , emploie un argument de la plus grande force , pour les engager à adopter de meilleurs moyens pour les acclimater, en leur prouvant qu'ils ont importé, en 1787 et 1788 , huit millions trois cent soixante-un mille huit cent trente-six livres de laine espa-

---

(1) Nous avons prouvé aux Anglois que cette maladie du pied , connue en France sous le nom de fourchet , ou piétin, et en Angleterre sous celui de *foot-rot*, qui affecte particulièrement chez eux les *mérinos*, et qu'ils regardent mal à propos comme contagieuse , étoit due à la mauvaise administration de cette race , et M. *Huzard* leur a aussi démontré cette vérité.

gnole (1), et nous observerons que cette quantité, à 4 francs la livre seulement , fait la
somme de 33,447,344 francs.

Le lord *Sommerville* , convaincu de l'im-
portance du croisement de la race espagnole
avec les races angloises, *quoique doutant de
l'avantage de propager cette race dans son
état de pureté*, est, sans contredit , celui qui
s'est occupé le plus efficacement de cette amélioration. « Craignant , comme il nous l'avoue
» lui-même, que l'Espagne, influencée, dit-il,
» par la France, refusât entièrement ses laines
» superfines à l'Angleterre, ou les chargeât de
» droits et d'autres frais intermédiaires qui pa-
» ralyseroient ses manufactures, s'ils ne dé-
» truisoient entièrement son commerce , prit
» la résolution hardie d'aller, au péril de sa
» vie , pendant la dernière guerre, enlever par
» fraude, en Espagne , et importer dans son
» pays, à travers de nouveaux dangers , aux-
» quels un long et pénible trajet par mer l'ex-
» posoit, plusieurs béliers, brebis et moutons
» espagnols (2). »

____

(1) Page 128. *Essays on miscellaneous subjects , by
sir John Sinclair, bart.* London , 1802.

(2) Page 118 et ailleurs de l'ouvrage précité. *Facts et
Observations on Sheep , Wool ,* etc. London , 1803.

Il obtint, par le croisement, des résultats très-avantageux ; mais son exemple avoit alors fait peu de prosélytes, malgré ses succès bien constatés ; et il nous apprend même qu'un membre de la Société d'Agriculture de Bath, qui s'occupe particulièrement des laines, manifesta, à cette occasion, une opposition formelle à toute espèce d'amélioration de laines fines par le croisement (1).

Un puissant obstacle s'opposera encore long-temps, en Angleterre, à cette amélioration, par la voie des mérinos. C'est la pernicieuse habitude, qui règne dans toute cette île, de laisser les troupeaux, nuit et jour, pendant toute l'année, exposés aux influences meurtrières d'un climat humide et brumeux (2).

Tandis qu'en France, l'anglomanie portoit nos agronomes à nous conseiller sérieusement de les imiter en cela, je voyois en Angleterre des milliers de moutons périr de la pourri-

---

(1) *Ibid.*, page 61.

(2) *Sinclair* soupçonne qu'on doit attribuer au défaut de transpiration occasionné par l'humidité du climat, l'espèce de *gomme* qui rend la filature des laines angloises difficile, et empêche le drap de s'épaissir au foulon, ce dont leurs fabricans se plaignent.

ture, qui, en 1782 et 1783, leur fut si funeste, et qui, à la suite des pluies abondantes qui y sont très-fréquentes, étend ses ravages d'une manière si alarmante. Sans doute, il faut bien se garder de l'excès contraire, et ne pas renfermer hermétiquement les troupeaux dans des espèces d'étuves, comme un intérêt mal entendu y porte quelquefois; mais il ne faut jamais oublier que l'humidité est leur ennemi le plus redoutable : et cependant, si l'on excepte la race de *Ryeland*, qui est renfermée dans des bergeries (dont *Marshall* nous informe qu'on n'enlève quelquefois le fumier que deux fois par an), et un très-petit nombre d'abris particuliers, on peut dire que les troupeaux anglois sont exposés par-tout à l'inclémence des saisons (1).

Un autre obstacle, très-préjudiciable à la

____

(1) Page 510, tom. IV de l'ouvrage précité.

On a essayé dans le parc de Chambord, il y a long-temps, et récemment, dans une île de celui de Rambouillet, d'abandonner, toute l'année, des moutons en plein air, et l'on s'est convaincu que, suivant l'instinct qui porte tous les animaux, dans l'état de nature, à se soustraire, lorsqu'ils le peuvent, à l'inclémence des saisons, ils profitoient des abris qu'ils pouvoient se procurer contre les pluies froides qui leur sont si funestes.

santé des bêtes à laine de ce pays, c'est qu'on leur refuse généralement le sel, dont elles ont besoin plus qu'en tout autre climat. Si l'on excepte quelques particuliers qui, à notre imitation, ont introduit, depuis peu, l'excellent usage d'en donner de temps en temps à leurs troupeaux, il est ou inconnu, ou inusité partout ailleurs. A la vérité, la taxe sur le sel, en Angleterre, élève le prix de cette denrée à 30 francs au moins le quintal; cependant, la somme des inconvéniens qui résultent de sa privation pour les troupeaux surpasse encore de beaucoup, celle de la dépense que son emploi nécessite.

Enfin le monopole créé par leurs lois concernant la vente des laines, en faveur des manufacturiers, (objet qui a excité depuis long-temps les plus vives réclamations de la part de leurs écrivains, et qui fait dire à *Balsamo*, professeur d'Agriculture de l'Université de Palerme, que *les fermiers anglois, guidés par un instinct particulier, se joignent aux manufacturiers pour opprimer l'agriculture*,) s'oppose fortement à la propagation de la race espagnole, dont j'observerai, d'ailleurs, en terminant cet article, que le toupet et le fanon, que nous regardons comme d'utiles ornemens, déplaisent aux Anglois, à un tel point, qu'ils s'appliquent sérieusement à faire disparoître le premier, en le tondant deux ou trois fois par an, et le second, en employant les croise-mens réitérés, avec les races qui en sont to-talement dépourvues (1).

Si l'Angleterre peut se vanter d'avoir quel-ques races précieuses de gros bétail, la France en possède plusieurs qui ne le cèdent à au-cune autre, et notamment dans ses départemens septentrionaux, dans ceux de l'Orne, de l'Eure, du Calvados, de la Manche, des Deux-Sèvres, de la Gironde, de Lot-et-Garonne, du Cantal, du Puy-de-Dôme, de la Haute-Vienne etc. etc.

J'ai vu à Woburn, et MM. *Huzard*, *Parmentier* et *Grégoire* y ont vu comme moi, des taureaux, des bœufs et des vaches de race françoise, dont on faisoit le plus grand cas, et qui se distinguoient par la beauté de leurs formes et par leurs excellentes qualités. Malgré l'orgueil national, l'on n'a pas pu me dissimuler que les vaches françoises étoient celles qui avoient toujours donné le meilleur lait et

---

(1) *Annales d'Agriculture d'Young*, tome II, pag. 92 ; et *Sommerville's Facts*, etc., pages 17 et 35.

en plus grande quantité. Le duc lui-même m'a dit qu'il pensoit que l'origine des races des comtés de Hereford et de Devon, qui sont des plus estimées, étoit françoise. Enfin, ils reconnoissent que les vaches de la petite île d'Alderney ou d'Aurigny, voisine du Cottentin, d'où cette race sort, se distingue par la qualité de sa chair, remarquable par sa saveur, par la petitesse de ses os, sa grande disposition à s'engraisser, l'abondance et la richesse de son lait; et par-tout on voit ces vaches orner et enrichir les parcs (1).

Ajoutons à cela que M. *Thomas Crook* n'a pas craint d'entreprendre un voyage de cent milles d'Angleterre pour faire paroître, à une exposition publique des bestiaux les plus remarquables, un taureau et deux bœufs françois qu'il employoit au labour et au charroi, avec le plus grand succès (2).

Tous ceux qui connoissent la France et qui ont visité l'Angleterre en observateurs agricoles, et sur-tout sans cette prévention qui grossit ou retrécit toujours prodigieusement les objets, ont pu se convaincre que nos veaux

----

(1) Voyez *Culley* et *Dickson*.

(2) *Sommerville's Facts et Observ.*, page 99.

de Pontoise et de Nangis, et nos agneaux gras vendus à la Vallée, sont tout aussi beaux et bien plus délicats que ceux qu'on expose à leur fameux marché de Smithfield ; et enfin, malgré leurs colosses si vantés, j'ai trouvé, en 1803, le prix du bœuf et du veau de 80 cent. à 1 fr. la livre angloise (10 *pence*) ; celui du mouton, à 90 cent. (9 *pence*) ; celui du suif, à 60 cent. (6 *pence*) ; et celui du porc, à 90 cent. (9 *pence*).

Si nous fixons un moment nos regards sur la position comparative de la France et de l'Angleterre, sous le rapport de l'étendue des terres cultivées en grains, nous voyons, d'abord, que sur soixante millions d'acres cultivables, l'Angleterre n'en a que cinq millions affectés à cette culture, ce qui ne suffit pas à sa consommation habituelle ; tandis que la France, qui y suffit généralement, y consacre une étendue proportionnelle bien plus considérable.

Si la France, qui, dans les années d'abondance, exporte pour plusieurs millions de grains, a éprouvé quelques disettes, à des époques éloignées entr'elles, elles sont dues, en grande partie, à des causes étrangères à sa culture ; et tout le monde connoît les intem-

péries qui ont signalé les années 1709 , 1740
et 1772. On sait aussi que les disettes qui se
sont fait sentir à l'aurore de notre révolution ,
et depuis , étoient bien plutôt l'ouvrage des
hommes que celui de la Nature. Elles ont
confirmé cette observation faite autrefois par
le commissaire *Lamarre* , que, pour éprouver
toutes les horreurs de la famine , il suffit souvent de semer l'alarme parmi le peuple sur sa
subsistance ; et ce qui sert de démonstration
rigoureuse à cette importante vérité, c'est que
le calcul de tous les grains importés , au moment le plus critique de la révolution , a prouvé
qu'ils suffisoient à peine pour alimenter la
nombreuse population de la France , pendant
trois jours seulement ; tandis que , d'un autre
côté, les approvisionnemens précipités et toutes
les fausses précautions , inspirés par une ter-
reur panique, en avoient fait perdre une quantité bien plus considérable.

L'Angleterre n'ayant pas été exposée au feu
de notre étonnante révolution, qu'elle souffloit
alors, et n'étant soumise à aucune des causes
qui nous tourmentoient si horriblement , s'est
trouvée cependant, presqu'aussitôt, et pendant
bien plus long-temps, en proie à toutes les horreurs de la famine , malgré les ressources de

son agriculture. Le prix du pain , quoique les Anglois en consomment proportionnellement beaucoup moins qu'aucune nation du continent , s'y est constamment soutenu à un prix exorbitant , comparativement à celui de la France , où le pain est généralement et le meilleur et le moins cher de l'Europe.

Il résulte de l'aveu fait à la Chambre des Communes d'Angleterre par le chancelier de l'échiquier , le 7 Février 1803 , que, pendant les trois années précédentes , cette île , si bien cultivée , avoit été obligée de faire passer sur le continent 20 millions sterlings de numéraire , c'est-à-dire, 480 millions tournois, *pour achat de grains seulement.*

Sinclair , en observant que , « depuis plu-
» sieurs années , l'Angleterre a été dans la né-
» cessité d'importer des grains étrangers , et
» que l'accroissement de l'importation a fait
» craindre que cette île ne pût pas fournir la
» nourriture nécessaire à ses habitans , leur
» conseille de convertir en terres labourables
» une partie des vingt-cinq millions d'acres qui
» sont en pâturages et des trente millions de
» friches qui , dit-il , n'ont peut-être pas été
» labourées depuis la création (1). »

____

(1) *Essays on miscellaneous subjects* , page 179.

« Nos importations annuelles de grains, dit
» *Arthur Young*, prouvent que nous en man-
» quons, et nous pourrions nous passer des
» grains étrangers, si notre Agriculture étoit
» aussi profitable qu'elle devroit l'être (1).

» Le Gouvernement anglois craint que le
» peuple manque de pain, observe - t - il ail-
» leurs ; mais quand on voit une si grande
» étendue de terrein en friche, on ne peut
» s'empêcher de dire que, malgré ses craintes,
» il n'encourage pas l'Agriculture (2).

« L'Angleterre, dit *Marshall*, ne produit pas
» la quantité de nourriture suffisante pour ses
» habitans, tandis qu'une partie considérable
» de son territoire est absolument inculte, et
» que le reste est au-dessous du produit au-
» quel il pourroit atteindre, à cause des pra-
» tiques défectueuses qui y existent. Elle
» éprouve, ajoute-t-il, les horreurs de la fa-
» mine, malgré l'étendue de son commerce,
» *qui regarde le monde entier comme sa pro-*
» *priété*. A quels maux, continue-t-il, devons-
» nous donc nous attendre, lorsque l'orage

---

(1) *Cult. angl.*, tome XIV, page 54.

(2) Voyez ses notes sur l'agriculture de Kent, Essex
et Sussex.

» éclatera , et que l'Agriculture de *ce petit*
» *coin de terre, réduit à lui-même*, sera forcée
» de soutenir seule les victimes trompées du
» commerce de la moitié du monde (1) ? »

Marshall ne sembloit-il pas déjà prévoir cet
état de blocus continental dont l'Angleterre ,
qui a vainement cherché, depuis si long-temps,
à bloquer la France , est aujourd'hui si sérieusement menacée ? Et ses craintes ne rap-
pellent-elles pas naturellement ce qu'un de ses
orateurs célèbres disoit , en faisant allusion à
un passage remarquable , que « les Anglois
» se trouveroient isolés du monde entier ,
» *divisos toto terrarum orbe Britannos ?* »

Terminons par observer que l'assolement si
vanté de quelques portions de l'Angleterre a
pris naissance dans ceux de nos Départemens
septentrionaux , devenus , depuis notre révolution, partie intégrante du territoire françois,
comme nous avons déjà eu occasion de le remarquer ailleurs ; qu'il suffit de traverser quelques-uns de leurs comtés pour se convaincre
que les jachères y sont encore *en honneur* en
beaucoup d'endroits ; que dans ceux de leurs

---

(1) *Proposals for a rural institute or College of Agriculture , by Marshall ,* page 5 et suivantes.

nombreux champs communaux et ouverts qui
sont défrichés, ils cultivent souvent alternativement le froment et l'avoine, ou l'orge,
après la jachère; qu'il est des cantons où l'on
fait cinq, six et même sept récoltes consécutives de grains; qu'en plusieurs endroits, on
y attèle encore souvent à la charrue quatre
chevaux, et quelquefois plus, qui sont ac-
compagnés d'un guide, outre le charretier,
et cela dans des terres où un pareil emploi
de forces est complettement inutile; que six
bœufs, ou cinq chevaux, attelés procession-
nellement à la file les uns des autres, ouvrent
quelquefois des sillons peu profonds, dans des
terreins pierreux, où, pour comble d'absur-
dités, la charrue est armée d'un large soc, et
qu'on laisse entre les sillons des espaces non
labourés, où poussent les mauvaises herbes,
qui, trop souvent, infectent les récoltes; qu'ailleurs, on laisse souffrir de la faim les vaches,
dans une cour sale, ne leur donnant que de
la paille, et un peu de foin de temps en temps,
parce qu'on garde, pour engraisser les bœufs,
les végétaux que, dans la Belgique, on fait
consommer aux vaches; et enfin qu'en fau-
chant, ramassant et entassant leur orge et leur
avoine, comme si c'étoit du foin, les fermiers

anglois

anglois les égrènent considérablement dans le champ, et en rendent le battage plus difficile à la grange, ce qui leur arrive souvent.

Ceux qui, comme nous, n'ont pas été à portée de voir toutes ces pratiques défectueuses, et plusieurs autres, en trouveront des preuves multipliées dans les auteurs économiques Anglois, dont nous évitons de surcharger de plus longues citations cet aperçu rapide.

Nous n'avons jusqu'ici parlé que de l'Angleterre proprement dite et de l'Écosse. *Arthur Young* qui a visité l'Irlande, quelques années avant son voyage en France (1), nous a donné une idée de l'agriculture de ce pays, à cette époque (2).

---

(1) Nous espérons être en état de publier un jour quelques observations sur cet étrange voyage, fait en courant ; qui fourmille d'erreurs graves, de renseignemens très-inexacts, et qui décèle, à chaque page, dans son auteur, une prévention dont il n'a pu se défendre et une morgue nationale innée.

(2) On a reproché à cet agronome de n'avoir pas été plus exact dans la relation de son voyage en Irlande que dans celle qu'il a publiée sur la France, et sur l'Italie, où M. *Simonde* relève plusieurs erreurs grossières. C'est pourquoi nous n'en extrairons que les faits principaux, et qui paroissent

Il résulte de sa relation que cette île, qui fait aujourd'hui partie de ce qu'on appelle si improprement le *Royaume-Uni*, a, sous un des climats les plus humides de l'Europe, un sol généralement plus fertile que celui de l'Angleterre, quoique souvent marécageux, mais abominablement cultivé dans sa presque totalité, et souvent aussi en friche. (*Voyage en Irlande*, tom. II, page 147 et suivantes.)

---

les plus constans, d'après les informations que nous avons prises d'ailleurs sur ce pays qui s'est amélioré depuis. Nous supprimerons ce qu'il dit, en plusieurs endroits, — des chevaux attelés, dans tout un district, par la queue, et conduits par des hommes qui marchent à reculons, devant eux, toute la journée, en les frappant sur la tête; — du fumier qu'on laisse s'accumuler, au point d'être obligé de changer de cabane, pour n'en être point incommodé; — de la part des alimens que le cochon prend, pêle-mêle, avec la femme, les coqs, les poules, les dindons, les oies, le chien, le chat, et peut-être aussi la vache, dit-il, en observant que tout cela mange au même plat, et couche sur la même paille; — de la porte des cabanes qui, servant de fenêtres pour introduire la lumière, serviroit aussi de cheminée, si l'on n'aimoit mieux retenir la fumée en dedans; — des herbes qui, végétant et pendant le long des murs de ces cabanes, leur donnent l'air d'un tas de fumier, et sur la couverture desquelles, ajoute-t-il, pour completter la ressemblance, on voit souvent paître un cochon, etc., etc., etc.

On y trouve un marais qui contient trente mille acres, un de vingt-deux mille quatre cent très-facile à dessécher, et beaucoup d'autres fort étendus. (Pages 124, 154, etc).

On y entend mal la partie du labourage; elle est par-tout abandonnée à des hommes qui, par l'extrême modicité de leur avoir, sont hors d'état de faire les dépenses néces-saires pour rendre la terre fertile; et s'ils ne plantoient pas, çà et là, des pommes de terre, qui préparent nécessairement le sol pour la culture du blé, on y en verroit encore la moitié moins. (Pages 172 et 173).

Dans les endroits où on tire le meilleur parti de la terre, on fait plusieurs récoltes d'orge ou d'avoine, avant le retour de la jachère; et par-tout ailleurs l'assolement consiste à semer du froment après la jachère, et ensuite de l'a-voine, et toujours de l'avoine, jusqu'à l'entier épuisement du sol. (Page 173).

La plupart des cultivateurs n'ont, en fait d'engrais, que des procédés triviaux; leurs ustensiles sont misérables, leurs attelages foi-bles, leurs profits minces, et leur manière de vivre conforme à celle des ouvriers qu'ils emploient. (Page 186).

Les terres y sont souvent louées à des fermiers généraux , espèce de pirates de terre , de petits tyrans , qui ne les cultivent jamais , mais qui les sous-afferment aux pauvres cultivateurs , sous de courts baux , et souvent sans leur faire de bail , et qui en exigent toujours le fermage avec dureté et avidité. (Page 175).

Dans plusieurs cantons , les exploitations sont soumises à une méthode extraordinaire , d'après laquelle les cultivateurs changent de terre , tous les ans. (Tome I , page 136 ; tome II , page 24 , etc).

L'Irlande est grevée , ainsi que l'Angleterre , de ce qu'il appelle le pénible impôt de la dîme , à laquelle , ajoute-t-il , elle doit l'état inculte où reste la plus grande partie de son territoire. (Page 295).

L'importation du grain étranger y est de beaucoup supérieure à celle de l'exportation , quoique la masse du peuple se nourrisse principalement de pommes de terre et d'avoine , qu'ils refusent souvent à leurs chevaux, et dont ils font jusqu'à sept , huit , neuf , et même dix récoltes consécutives, après lesquelles ils laissent la terre épuisée se couvrir de mauvaises herbes pendant plusieurs années, et ils attèlent, presque toujours, quatre chevaux ou quatre bœufs à leur charrue , pour labourer souvent à peine un demi-acre de terre. (L'ouvrage que nous analysons fourmille de preuves de ces tristes vérités).

Les grands chemins sont mauvais, ce qui, ajoute *Young*, est l'effet des corvées qui déshonorent aussi cette contrée, et il en prend occasion de faire sentir l'inutilité et l'odieux de ce qu'il appelle les affreuses barrières de l'Angleterre.

Lorsqu'ils dessèchent leurs marais dans quelques endroits, ils pratiquent des canaux souterrains qu'ils appellent canaux françois, parce que les François leur ont appris à les faire. (Page 24, etc).

Un lord Irlandois, s'étant déterminé à adopter aussi la méthode françoise, usitée dans le département de la Gironde, pour le labour et le charroi avec les bœufs, fit venir de Bordeaux un laboureur avec un attirail complet de voitures, herses, charrues, et bœufs dressés à ce travail. Cet homme instruisit parfaitement les charretiers du lord ; et la charrette françoise, attelée de deux bœufs seulement, transporta, sans peine, mille vingt gerbes de froment, chose qu'*Young ne voulut croire qu'après l'avoir vue*. (Page 524) (1).

____

(1) Tous les journaux économiques de l'Europe ont

Pourquoi ne rappellerions-nous pas ici que ce sont aussi des François qui ont appris aux Anglois à cultiver la luzerne, la pimprenelle et la chicorée? Que M. *Rocque*, originaire du midi de la France, s'étant établi cultivateur, parmi eux, leur a donné, sur la culture des deux premières plantes, un exemple encourageant, qu'ils ont imité, quoiqu'imparfaitement, en substituant, par un rafinement déplacé, la culture par rayons à celle à la volée; et que M. *Cretté de Palluel* a fixé aussi le premier leurs idées sur les avantages de la culture de la chicorée, qu'ils ont introduite chez eux, d'après lui?

Terminons par un trait qui nous donnera une juste idée de la manière dont l'Angleterre a de tout temps traité l'Irlande, qu'elle appelle *sa sœur*.

Les manufactures de laine de ce malheureux pays sont déchues de leur ancienne splendeur,

---

retenti des détails de la récolte presque miraculeuse de froment faite par un Irlandois, nommé *Yelverton*. D'après la vérification, faite sur les lieux, de cette prétendue récolte, dont l'auteur avoit été couronné, il a été malheureusement reconnu qu'elle n'avoit existé que sur le papier. A combien d'autres faits curieux, en agriculture, ne pourroit-on pas appliquer cette triste vérité ! !!

depuis que les fabricans anglois voyant d'un
œil jaloux l'accroissement de ces manufactures, engagèrent le Parlement à présenter au
roi une très-humble adresse, dans laquelle les
honorables membres, après lui avoir dit *for-
mellement* « qu'il ne leur convenoit pas plus
» qu'à leurs ancêtres, de voir d'un œil tran-
» quille l'établissement et l'accroissement de
» manufactures de laine, *par-tout ailleurs
» qu'en Angleterre*, et qu'ils devoient s'y
» opposer de tous leurs efforts, supplièrent
» S. M. qu'il lui plût de déclarer, de la ma-
» nière la plus solemnelle et la plus efficace, à
» tous ses sujets d'Irlande, que les progrès
» des manufactures de laine de ce royaume
» étoient vus depuis long-temps, et seroient
» toujours vus, d'un œil de jalousie, par tous
» ses sujets d'Angleterre, et que s'ils ne s'em-
» pressoient de prévenir des mesures sévères, il
» en seroit établi, à cet égard, de très-rigou-
» reuses, par des lois expresses, dont l'objet
» seroit de prohiber et de supprimer totale-
» ment lesdites manufactures ». A quoi S. M.
répondit très-gracieusement, qu'elle s'occu-
peroit de faire ce que les deux Chambres
avoient désiré, *en faisant tout ce qui seroit
en elle, pour décourager les manufactures*

de laine de l'Irlande ; ce qui fut fait , dès la même année, en imposant d'abord un droit additionel de 4 shillings (5 francs environ) pour une valeur de 20 francs sur les draps larges exportés d'Irlande , et ensuite en interdisant aux Irlandois toute exportation , ailleurs qu'en Angleterre. (Page 406 et suivantes).

Est-il donc surprenant , d'après tout ce que nous venons de voir, que les émigrations, que nous avons vues se renouveler aussi en Écosse , depuis quelques années , aient été si multipliées en Irlande à différentes époques , et que l'effet du système odieux suivi contre ce pays ait été d'en chasser tous les catholiques riches , et d'interdire toute industrie aux malheureux qui y sont restés , de manière que l'aristocratie de cinq cent mille protestans paralyse aujourd'hui deux millions de pauvres catholiques (1). (Page 221 et 236).

----

(1) Il ne sera peut-être pas sans intérêt de placer à côté des renseignemens que nous avons cru devoir donner sur l'Agriculture angloise une esquisse abrégée de celle d'un pays qu'on nous a beaucoup moins vanté , et qui mérite d'être plus connu des cultivateurs françois.

La culture du royaume de Hollande , qui a beaucoup d'analogie avec celle de quelques-uns de nos Départemens septentrionaux , et de plusieurs cantons de l'Allemagne ,

Nous ne pouvons mieux terminer le rapprochement que nous avons essayé de faire

---

a , sous le climat le plus humide et le sol le plus uniforme , défriché , à peu d'exceptions près , tout ce qui
étoit susceptible de l'être , et desséché la majeure partie
de ce qui étoit desséchable , même avec des avances et des
travaux énormes. L'état florissant de cette culture se ma-
nifeste par l'étendue du produit annuel des terres arables
et des prairies , qui est considérable , ainsi que par leur
valeur vénale qui , en temps de paix , est exorbitante.
Les prairies artificielles y remplacent , presque par-tout,
les jachères ; — la rotation du cours des récoltes commence toujours par la culture des plantes légumineuses
ou des racines nourrissantes , et sur-tout de la pomme de
terre , pour préparer , ameublir et nettoyer la terre , au
moyen des divers travaux que cette culture exige ; —
l'ensemencement du trèfle accompagne ordinairement celui
des grains ; — la culture des navets , semés fréquemment
sur les chaumes retournés immédiatement après la mois-
son , procure une seconde récolte dans la même année,
et une ressource précieuse pour la nourriture des bestiaux
pendant l'hiver ; — les engrais y sont abondans , variés ,
et traités généralement d'une manière exemplaire ; — les
plantations y sont multipliées et bien entendues ; — un
seul Département , celui du Brabant , renferme vingt mille
ruches , et un autre , celui de la Zélande , obtient , par la
seule culture de la garance , un produit annuel de 6 millions ; — enfin , une population qui s'élève , par myria-
mètre carré , à six mille six cent quatre-vingt-six indi-
vidus au moins , qui a su dompter les élémens , et que la

de quelques parties de l'agriculture angloise avec la nôtre, que par quelques nouvelles observations que nous fournit encore *Arthur Young*, sur l'influence du gouvernement de son pays sur l'Agriculture.

Cet agronome, après nous avoir informés « qu'il avoit été tenté de se fixer en France » où, dit-il, le projet d'une vie aisée et même » dans une sorte d'abondance, dans un beau » climat, sourioit à mon imagination, et fai- » soit un contraste avec la situation pénible » et étroite à laquelle j'étois condamné en An- » gleterre; » après nous avoir aussi communi- qué un autre projet qu'il avoit eu d'aban- donner l'Angleterre, pour se fixer en Amé- rique, termine par cette réflexion, d'au- tant plus remarquable qu'elle fut faite dans

---

travail rend heureuse, sur une étendue superficielle d'en- viron deux cent quatre-vingt-un mille myriamètres carrés, coupés par de nombreux et magnifiques canaux, possède, en races vigoureuses, grandes et très-fécondes, deux cent quarante-trois mille chevaux, — sept cent soixante mille bêtes à cornes, — un million environ de bêtes à laine, — dix à douze mille chèvres, — quatre cent quatre-vingt- neuf mille porcs, et près de trois millions de volailles de toute espèce : ne peut-on pas appliquer à cette heureuse et industrieuse nation la devise d'une de ses principales Sociétés d'encouragement, *felix meritis ?*

un âge avancé, qui, joint à la force de l'habitude, affoiblit ordinairement le goût des
émigrations.

« Il faut cependant que je m'occupe de
» trouver un asile, où je ne sois pas ruiné,
» comme je le suis en Angleterre, par la dîme,
» la taxe des terres, la taxe des pauvres, les
» corvées, les droits de garde, les rentes féo-
» dales, les impositions locales, la taxe sur
» l'orge, le monopole du bill sur la laine, etc.,
» auxquels je pourrois ajouter ce que je paie
» sur la consommation du vin, du thé, du
» sucre, de la chandelle, du savon, du sel,
» du charbon, etc. etc., qui d'après mes cal-
» culs, montent à la somme de 25 guinées
» (600 francs), et qui s'élèveroient à près de 40,
» (1000 francs), si j'y ajoutois encore ce que
» me coûte la taxe sur le chanvre, le lin, le
» papier, le cuir, les glaces, les épiceries,
» l'eau-de-vie, le rum, etc. etc. Mais, pour-
» suit-il, en négligeant de calculer ce que me
» coûtent tous ces objets de consommation,
» il résulte clairement, que, sur une portion
» de terre qui me rapporte, comme proprié-
» taire, 229 liv. 12 s. 6 d. anglois, les taxes
» et les impositions seulement m'emportent
» 219 liv. 18 s. 5 d.

» Sous quel régime despotique , continue-
» t-il , faut-il vivre , pour éprouver rien de pa-
» reil ? D'après ce qu'on vient de voir , suis-je
» fondé à me plaindre ? Transporterai-je ma
» propriété dans un pays où elle sera plus res-
» pectée ? Je connois assez la France pour être
» assuré que les différens impôts que je paie
» en Angleterre , ne s'y élèveroient pas au
» quart de cette somme , la différence dans
» les impositions des deux pays étant im-
» mense , etc. (1). »

Enfin , après avoir reproché au lord *Caven-
disch*, d'avoir , le premier , imaginé de mettre
un impôt sur la charrue, « notre Gouverne-
» ment , dit-il , qui attire à lui toutes les ri-
» chesses nationales pour les répandre avec
» une profusion prodigue , s'occupe , sans
» cesse , de faire la guerre , et détruit toute
» espérance de paix. Au moment où j'écris ,
» nos flottes sont en mouvement , ... encore
» une guerre et je suis ruiné. Il me reste à
» peine , à mon âge , d'autre perspective que
» celle d'être chassé de l'héritage de mes an-
» cêtres , et peut-être de ma patrie. (Page 24 ,
» *ibid*). »

---

(1) *Cult. angl.* , tome XIV , page 17 et suivantes.

Je n'ajouterai à cet énergique tableau, qui peint si fidèlement ce Gouvernement si vanté, qu'un seul fait, c'est que j'ai eu la douleur de voir, lors de mon dernier voyage en Angleterre, il y a trois ans, *Marshall*, un des hommes qui ont le plus fait pour reculer les limites de l'Agriculture angloise, retiré à Londres dans un réduit obscur, qu'il appeloit lui-même son grenier, *my garret*, lorsque je fus l'y visiter.

Détracteurs insensés du plus beau pays qui puisse exister, sous le plus fort des Gouvernemens, c'est à vous que cette leçon s'adresse. Assez et trop long-temps, feignant de méconnoître l'avantage inappréciable d'être nés françois, en abaissant, avec des étrangers, votre propre pays, vous avez élevé jusqu'aux nues cette orgueilleuse Angleterre, que vous connoissiez si peu, et que des Anglois, eux-mêmes, qui l'ont mieux étudiée, vous apprennent enfin, par mon organe, à mieux connoître.

Sans doute, et qui pourroit le nier? ce pays n'est point asservi par-tout à des pratiques vicieuses, qui accroissent les entraves multipliées que nous avons vu son Gouvernement

apporter à sa culture ; sans doute il possède,
au milieu de ses friches, de ses marais, de ses
craies, de ses landes et de ses déserts, des portions de terre cultivées d'une manière exemplaire, des instrumens aratoires et des races de
bestiaux améliorés. Il a produit aussi de bons
ouvrages à consulter sur l'économie rurale ; et
au milieu de ses riches capitalistes, de ses mil-
lionaires, qui exposent à la curiosité publique
des objets d'ostentation, dont la valeur réelle
est souvent au-dessous de la dépense, qu'il est
toujours si difficile de bien constater, il possède
aussi des hommes instruits, dans tous les genres,
et un nombre assez considérable de cultivateurs
riches et éclairés. Mais notre pays, sous un
Gouvernement plus paternel, ne renferme-t-il
donc pas des hommes, aussi habiles dans tous
les arts, et sur-tout des cultivateurs plus instruits qu'on ne le suppose trop généralement
chez l'étranger, et quelquefois même chez
nous ? Si l'Angleterre peut se vanter d'avoir un
Bakewell, un *Coke*, un *Ellman*, un *Sinclair*,
un *Sommerville*, un *Anderson*, un *Marshall*,
un *Young*, un *Ducket*, qu'elle appelle fastueu-
sement *le prince des fermiers*, et plusieurs autres, n'avons-nous pas aussi nos *Parmentier*,
nos *Tessier*, nos *Depere*, nos *Bourgeois*, nos

Allaire, nos *Mallet*, nos *Delportes*, nos *Pictet*, nos *Fremin*, nos *Herwyn*, nos *Sageret*, nos *Carrier-Saint-Marc*, et tant d'autres à qui il ne manque que d'être plus connus pour recevoir un juste tribut d'éloges? Tous nos Départemens n'offrent-ils pas encore à notre admiration et à notre reconnoissance un très-grand nombre de cultivateurs les plus éclairés, dont la France peut aussi se glorifier? S'ils nous montrent pour la culture des arbres un *Forsyth*, n'avons-nous pas aussi nos *Thouins*, recommandables à tant de titres; nos *Losc*, nos *Dumont-Courset*, nos *Vilmorin*, et plusieurs autres *botanistes-cultivateurs?* et s'ils ont eu leur *Miller*, n'avons-nous pas eu aussi notre *Duhamel*, aussi exact observateur que physicien habile, qui, sur la culture des végétaux indigènes et exotiques, et dans l'étude des bois, a porté cet esprit de détail qui, peut-être, est la sorte d'esprit la plus nécessaire à l'agronome qui instruit, et à l'agriculteur qui opère?

On a pris, depuis long-temps, un soin bien pénible pour nous dévoiler toutes les pratiques vicieuses de notre agriculture, et on nous les a peintes souvent avec des couleurs chargées, qui nous en traçoient un tableau infidèle; mais on ne s'est point assez attaché (ce qui eût été bien plus utile) à faire sortir du sein de l'obscurité un très-grand nombre de pratiques excellentes, et qu'il faut enfin propager rapidement, en les proposant aux cultivateurs qui joignent, au désir de l'instruction, les facultés intellectuelles et pécuniaires qui sont indispensables. C'est d'eux surtout que la France attend le perfectionnement de son agriculture...... Son espoir ne sera point trompé ; c'est à eux que nous soumettrons avec confiance, dans notre cours d'économie rurale théorique et pratique, les procédés reconnus les meilleurs pour chaque opération agricole, et qui ne sauroient être trop répandus.

Graces au Héros qui dirige les hautes destinées de ce vaste Empire, graces au Ministre habile, digne interprète de ses volontés, le plus ancien, le plus utile, le premier de tous les arts en un mot, va obtenir enfin la place distinguée qui lui est naturellement assignée dans la protection et la sollicitude que tout bon Gouvernement doit aux objets d'utilité première. Désormais, nous ne pourrons plus appliquer à la France ce reproche, si mérité dans d'autres temps, que *Columelle* adressoit, dans sa juste indignation, aux Romains.

» J'ai

« J'ai vu, leur disoit-il, établir des écoles
» de rhéteurs, de géomètres, de musiciens,
» de danseurs, de cuisiniers, de coeffeurs,
» etc., et je n'ai jamais vu enseigner l'Agri-
» culture!!! L'art le plus nécessaire à la vie,
» poursuit-il, celui qui tient, de plus près, à
» la sagesse, et qui a la plus grande affinité
» avec elle, n'a ni disciples qui l'apprennent,
» ni maîtres qui l'enseignent!!! »

Félicitons-nous d'être arrivés à une époque
où le Gouvernement a manifesté, d'une manière si formelle, l'intention d'éclairer et d'en-
courager l'Agriculture ; félicitons-nous sur-
tout d'être appelés à concourir à l'exécution
de desseins aussi louables et aussi utiles.

Vous devez voir, Messieurs, et vous verrez,
sans doute, dans le nouveau moyen d'instruction que la main libérale du Gouvernement
vous présente aujourd'hui par mon organe,
une nouvelle preuve du vif intérêt qu'il prend
au succès des établissemens que vous êtes appelés à former un jour. La plupart d'entre
vous, destinés à vivre au sein des campagnes,
forcés, pour ainsi dire, de s'identifier avec
leurs laborieux habitans, d'interpréter et de
parler leur langage, d'étudier leurs habitudes
et leurs mœurs, exerceront leur art, d'une

manière bien plus utile pour eux, bien plus utile pour la chose publique, lorsqu'ils seront initiés dans la théorie et la pratique des diverses parties de l'Agriculture. Ils inspireront assurément plus de confiance, lorsqu'ils pourront joindre aux conseils auxquels l'esprit, naturellement timide, défiant et farouche du campagnard se rend difficilement, la leçon si persuasive de l'exemple, qui, tôt ou tard, entraîne les plus incrédules, en dissipant l'illusion des préjugés, et en démontrant irrésistiblement, et les vices de la routine et l'avantage des innovations sagement conçues. Ils auront enfin de nouveaux moyens de combattre, avec succès, les maladies qui désolent trop souvent nos campagnes, lorsque la connoissance intime des diverses pratiques rurales fixera plus promptement et plus sûrement leur attention sur la cause du mal, et sur les moyens les plus naturels de les faire disparoître.

Chargé par S. E. le Ministre de l'intérieur de l'honorable fonction de transmettre les connoissances théoriques et pratiques que j'ai acquises sur l'art que j'exerce, et dont j'ai fait constamment et mon étude et mon occupation favorite, depuis long-temps, sur une exploitation étendue de terres variées, je ne négli-

gerai aucun des moyens qui sont en moi pour
tâcher de répondre dignement à cet appel ;
mais je ne dois pas plus dissimuler aux autres, que je ne me dissimule à moi - même,
la disproportion qui existe entre ces foibles
moyens et mon zèle illimité pour les progrès
de l'art et de la science agricoles. Comment
pourrois - je, en effet, à peine arrivé au milieu de ma carrière, avoir l'aveugle présomp-
tion de me croire complettement instruit sur
toutes les parties de l'économie rurale, lorsque
le plus célèbre agriculteur, parmi les anciens,
celui qui nous a laissé sur l'art qu'il exerçoit
d'une manière si distinguée, depuis un très-
grand nombre d'années, le monument de l'an-
tiquité le plus complet, avoue ingénuement,
dans un passage remarquable de ses écrits im-
mortels, que « lorsqu'il considère cet art dans
» le grand, lorsqu'il l'envisage formant un
» corps d'étude très-varié et étendu, et en-
» suite descendant dans toutes les parties qui
» le composent, il craint d'arriver à la fin de
» ses jours, avant d'en avoir pu acquérir la
» connoissance entière... » ?

Mais, qui pourroit se refuser à seconder
par son zèle, au moins, les intentions pa-
ternelles du Gouvernement, dans un moment

aussi favorable? Bientôt, l'olivier couvrant de
son pacifique ombrage le superbe laurier, de-
venu indigène sur tous les points de la France,
depuis long-temps sa patrie favorite, nous verrons nos intrépides guerriers, inspirés par le
génie immortel de notre auguste Chef, nouveaux Cincinnatus, passer du champ de Mars
dans celui de Cérès, et déposant glorieusement
le fer de l'épée, pour prendre celui de la charrue, nous verrons aussi, comme au temps des
Romains, la terre s'enorgueillir d'avoir son
sein ouvert par la main des héros, qui, dans
leur paisible retraite, fertiliseront encore, par
leurs travaux, le sol heureux de cette belle
France qu'ils ont si vaillamment défendue.

PROGRAMME

DU
COURS D'ÉCONOMIE RURALE

THÉORIQUE ET PRATIQUE,

Professé à l'École vétérinaire d'Alfort,

Par Victor Yvart, *Cultivateur.*

Après avoir défini l'Agriculture et l'Économie rurale, avoir démontré l'influence de la théorie et de la pratique sur cette partie de l'histoire naturelle, considérée comme science et comme art ; après avoir examiné la France sous le rapport du climat, du sol, de la culture, des habitudes et des débouchés, et après l'avoir comparée rapidement, sous ces différens rapports, avec les pays qui l'avoisinent, et plus particulièrement avec l'Angleterre ;

Nous nous occuperons de la connoissance spéciale des terres cultivables, *premier objet du cultivateur,* et nous examinerons les prin-

cipaux moyens qui se présentent naturellement pour y parvenir , savoir : 1°. L'étude
de la composition du sol; 2°. l'examen de sa
profondeur , de sa couleur , de son degré d'ex-
tensibilité , de sa situation , de son exposition ,
et enfin des végétaux qui y croissent sponta-
nément ou par adoption.

Nous passerons successivement aux différens moyens à employer pour les mettre dans
un état de culture convenable , *second objet*
non moins essentiel.

Nous rangerons les opérations indispensá-
bles , auxquelles le cultivateur doit se livrer
pour arriver régulièrement à ce but, sous les
chefs suivans :

1°. La réunion des pièces de terre , leur division la plus commode pour l'exploitation ,
leur équarrissage , leur arpentage et bornage ;

2°. Leur nivellement et nettoiement ;

3°. Leur desséchement ;

4°. Leur *entourage* ou *enclosure* ;

5°. Leur amendement ;

6°. Leur engraissement ;

7°. Leur plantation.

En nous occupant de la réunion des pièces
de terre, nous démontrerons les inconvéniens
de leur morcellement, isolement ou encheyê-

trement ; nous indiquerons quelques moyens
que nous avons mis en usage, avec succès,
pour y remédier, en faisant connoître ceux
qui ont été proposés, et nous développerons
les avantages qui résultent de leur réunion,
pour l'économie du temps, de la dépense, et
de la semence.

L'égalisation et le nettoiement nous feront
connoître, 1°. les avantages et les moyens de
dresser chaque pièce de terre, de manière à
en rendre la culture et plus commode et plus
expéditive ; 2°. quelles sont les plantes le plus
essentiellement nuisibles aux récoltes, et quels
sont les différens procédés à employer pour
les détruire efficacement.

Leur défrichement nous fera connoître quelles parties doivent être défrichées, quelles
parties doivent rester intactes, quels sont
les procédés les plus convenables dans les
différens cas, et particulièrement dans les
terres calcaires, siliceuses, les landes et les
fondrières.

Leur desséchement nous fera aussi distinguer
les parties qui doivent être desséchées de celles
qui doivent rester sous l'eau, et nous indiquerons les moyens les plus prompts et les
plus économiques pour tirer le meilleur parti

des premières, et pour rendre les dernières le moins nuisibles qu'il est possible.

Leur *entourage* nous amènera à examiner les différentes manières de clore les champs, avec des murs, des palissades, des fossés et des haies. Nous considérerons les avantages et les inconvéniens de chacun de ces moyens ; et après avoir divisé les haies, en haies sèches, ou mortes, et en haies vives, nous examinerons d'abord quels sont les végétaux les plus propres à former ces dernières, quelles précautions sont indispensables pour les établir, les élever, les soigner et les réparer ; ensuite, quels sont ceux de ces végétaux qui conviennent à telle ou telle position, chaude ou froide, sèche ou humide, basse ou élevée.

L'amendement des terres nous amènera à étudier quelles sont les substances que l'expérience a fait reconnoître les plus convenables pour corriger les défauts naturels ou accidentels des différens sols ; comment on peut découvrir, reconnoître et extraire ces diverses substances, et comment il faut en faire l'application dans les divers cas qui peuvent se rencontrer.

Leur engraissement nous conduira aussi à examiner quelles sont les substances fournies par les trois règnes qui sont reconnues les plus propres à produire cet effet , et comment il s'opère ; nous terminerons par le développement de la meilleure manière de préparer et d'appliquer chacune de ces substances , pour augmenter et conserver , le plus possible , leurs effets.

Enfin , l'objet de la plantation , en nous fournissant l'occasion de déterminer quels sont les terreins généralement les plus convenables aux plantations , par leur position et leur nature , nous portera à considérer quelles précautions doivent précéder , accompagner et suivre cette importante opération, pour assurer son succès; quels sont les différens moyens de multiplication que la Nature et l'art ont fait reconnoître et adopter. Nous examinerons ensuite quels sont les arbres et arbrisseaux les plus convenables à chaque nature ou position des diverses terres , et quels sont leurs usages économiques les plus importans. Nous terminero s cet objet essentiel par des détails généraux et particuliers , relatifs aux arbres, arbrisseaux , et arbustes fruitiers , dont la culture et le produit sont le plus répandus en France.

Après avoir planté , nous nous occuperons ,

suivant le précepte très-sage de *Caton*, de bâtir, et nous passerons naturellement à l'examen des constructions rurales, que nous examinerons sous les rapports de l'exposition, du placement, de la salubrité, et des distributions intérieures et extérieures.

Ayant ainsi organisé le dehors et le dedans, les champs, et la demeure du cultivateur et de ses bestiaux, ainsi que le logement de ses récoltes, nous viendrons à l'ensemencement de ses terres labourables, ce qui nous amènera nécessairement à examiner la question si importante des assolemens, que nous ferons précéder de quelques notions indispensables de physique végétale.

Nous passerons ensuite à l'examen des différens instrumens aratoires et autres, et de leur emploi, puis aux divers procédés relatifs, 1°. au choix et à la préparation des semences, ainsi qu'à l'ensemencement ; 2°. aux soins qu'exigent les grains pendant qu'ils parcourent le cercle de leur végétation ; et 3°. aux différentes manières de les récolter : ce qui nous portera à examiner quelle est l'influence des météores sur la végétation, et quelles sont les connoissances météorologiques les plus convenables aux cultivateurs.

En nous occupant de tout ce qui est relatif au battage, foulage ou dépiquage des grains, à leur nettoiement et à leur conservation, nous serons amenés naturellement à entrer dans quelques détails sur les animaux le plus généralement nuisibles aux récoltes, et sur les meilleurs moyens à employer pour les détruire, ou au moins pour prévenir ou diminuer leurs dommages.

Nous passerons ensuite successivement aux détails de la culture particulière,

1°. Du froment, du seigle, de l'épeautre, du maïs, de l'orge, de l'avoine, du sarrasin, du millet, du panis, du sorgho, de l'alpiste et du riz ;

2°. Des plantes généralement connues sous le nom de *légumineuses*, et notamment des pois, des féves, des vesces, des lentilles, des haricots, des gesses, des ers, et des lupins ;

3°. Des racines et tubercules les plus nourrissans, particulièrement des betteraves, carottes et panais ; des pommes de terre et topinambours ; des navets, raves, et rutabaga, etc. ;

4°. Des plantes oléifères ou textiles, surtout du chanvre et du lin ; puis du colza, de la navette, de l'œillette ou pavot, de la cameline, de l'arrachide, etc. ;

5°. Des plantes tinctoriales, et notamment de la gaude, du pastel et de la garance ;

6°. Enfin, des diverses plantes utiles dans les arts, sous plusieurs rapports, et particulièrement du chardon à foulon ; du tabac, du safran, du houblon, de la réglisse, etc.

Passant à la seconde section de notre travail, nous examinerons d'abord d'une manière générale, la composition des prairies naturelles ; puis nous considérerons, d'une manière particulière, toutes les plantes bonnes, ou médiocres, ou mauvaises qui les composent, et nous distinguerons celles qui, par leur foible volume, sont plus propres à être pâturées que fauchées.

Nous nous occuperons ensuite des moyens de dessécher et d'assainir les prairies qui sont basses, humides et marécageuses ; cet objet nous conduira naturellement à traiter de leur irrigation, et des moyens de pratiquer avantageusement cette utile opération.

Nous passerons à l'examen des prairies artificielles, et nous traiterons particulièrement de la culture de la luzerne, du trèfle, du sainfoin et de leurs variétés, de la lupuline ou

minette dorée, du mélilot, du fenugrec, du
cytise, du farouche ou trèfle incarnat, de la
chicorée sauvage, de l'ajonc, du plantain,
du galega, de l'astragale, du pain - vin ou
ivraie vivace (1), du fromental, de la flouve,
du vulpin, de la fétuque et de tous les gra-
mens qui ont été soumis, jusqu'à présent, à
des essais particuliers. Enfin, nous terminerons cet important article par quelques considérations particulières sur la culture de la
spergule, du chou, de la pimprenelle, de la
millefeuille et des grains semés pour établir
des pâtures ou prairies momentanées.

Nous terminerons cette section par des
considérations générales et particulières sur
l'établissement des prairies, sur leur ensemencement, leur nettoiement, leur amendement et engraissement, ainsi que sur le fau-

______

(1) L'anglomanie a encore introduit dans la nomen-
clature de cette plante la dénomination de *ray-grass*
ou *rye-grass*, car les Anglois eux-mêmes ne sont
pas d'accord sur ces noms qui signifient littéralement
herbe-Ray ou *herbe-seigle*, ce qui assurément ne ca-
ractérise pas le *lolium perenne* aussi exactement que
l'expression d'ivraie vivace, ou celle de pain-vin, qui
désigne l'effet enivrant de la semence mêlée à la farine
de froment.

chage, le fanage, l'emmeulage, le bottelage et l'engrangeage.

Nous passerons à la troisième et dernière section de notre travail, qui embrassera tous les détails relatifs à l'emploi des produits de l'Agriculture par les bestiaux, et à la conduite de ces mêmes bestiaux dans l'état de santé; nous exposerons en détail les procédés reconnus les meilleurs pour élever, nourrir et engraisser les différentes espèces d'animaux domestiques qui ornent et enrichissent les exploitations rurales; et nous finirons par l'établissement des principes qui doivent diriger la tenue des registres ruraux, fidèles dépositaires de toutes les opérations et de toutes les transactions relatives à l'exploitation, et par l'exposé de l'état de la législation actuelle sous le rapport du code rural.

Nous nous attacherons spécialement, toutes les fois que les circonstances le permettront, à placer l'exemple à côté du précepte, et à faire sur le terrein, dans nos leçons pratiques, l'application des principes que nous aurons établis et développés dans nos leçons théoriques, que nous chercherons constamment à étayer des faits les plus avérés, et que nous choisirons toujours, par préférence, en France, où les bonnes pratiques n'ont souvent besoin que d'être mieux connues des cultivateurs instruits, pour devenir plus répandues (1).

---

(1) Qu'il nous soit permis d'inviter ici les propriétaires-cultivateurs françois, au nom du bien public, auquel ils contribuent si puissamment, par leurs utiles travaux, à concourir avec nous à la confection de l'édifice que nous désirerions pouvoir élever un jour à la gloire de l'Agriculture françoise ; en adressant, à S. E. le Ministre de l'Intérieur, l'exposé de *faits positifs*, relatifs à une ou plusieurs parties de notre travail, et qui constatent, *dans des circonstances précisées avec exactitude et clarté*, la supériorité d'une pratique sur une autre, dans des circonstances semblables.

On ne sauroit réunir, rapprocher et comparer un trop grand nombre de faits de cette nature, lorsqu'on désire connoître la vérité, et fixer son opinion, et celle des autres, sur un grand nombre d'objets importans ; et nous nous empresserons de signaler à la reconnoissance publique les amis de l'Agriculture qui voudront bien nous aider, ainsi, à propager les meilleures pratiques agricoles, et à rendre notre travail moins imparfait.

FIN.

NDICATIVE

Chefs - Lieux et de leur rapport

ennes Provinces.

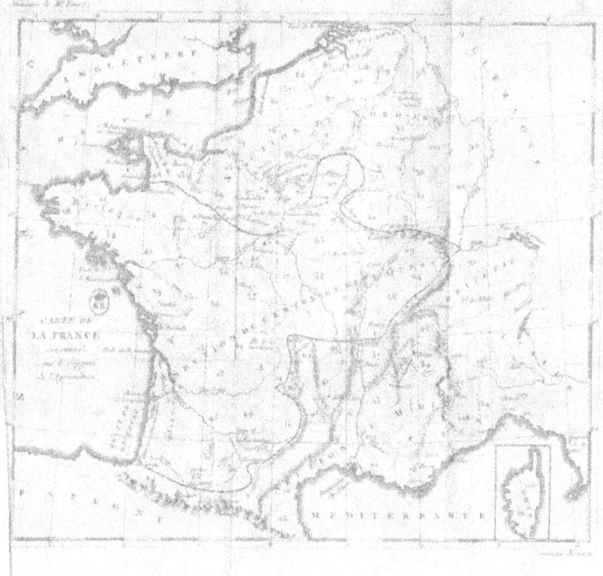

TABLE INDICATIVE

Des Départemens, de leurs Chefs-Lieux et de leur rapport avec les anciennes Provinces.

N°	NOMS des DÉPARTEMENS	RÉSIDENCE DES PRÉFETURES	ANCIENNES PROVINCES	N°	NOMS des DÉPARTEMENS	RÉSIDENCE DES PRÉFETURES	ANCIENNES PROVINCES